Eine Architektur verteilter Objekte zur Integration von Produktionsinformationssystemen

Von der Fakultät Konstruktions- und Fertigungstechnik
der Universität Stuttgart
zur Erlangung der Würde eines Doktor-Ingenieurs (Dr.-Ing.)
genehmigte Abhandlung

von Dipl.-Ing. Thomas Linsenmaier
aus Reutlingen

Hauptberichter: Prof. Dr.-Ing. habil. Dr. h.c. Prof. e.h. H.-J. Bullinger
Mitberichter: Prof. Dr.-Ing. Dr. h.c. E. Westkämper

Tag der Einreichung: 13. Mai 1998
Tag der mündlichen Prüfung: 30. November 1998

Thomas Linsenmaier

Eine Architektur verteilter Objekte zur Integration von Produktionsinformationssystemen

mit 66 Abbildungen

Springer

Dr.-Ing. Thomas Linsenmaier
Fraunhofer-Institut für Arbeitswirtschaft und Organisation (IAO), Stuttgart

Prof. Dr.-Ing. Dr. h. c. mult. H. J. Warnecke
o. Professor an der Universität Stuttgart
Präsident der Fraunhofer-Gesellschaft, München

Prof. Dr.-Ing. Dr. h. c. E. Westkämper
o. Professor an der Universität Stuttgart
Fraunhofer-Institut für Produktionstechnik und Automatisierung (IPA), Stuttgart

Prof. Dr.-Ing. habil. Prof. e. h. Dr. h. c. H.-J. Bullinger
o. Professor an der Universität Stuttgart
Fraunhofer-Institut für Arbeitswirtschaft und Organisation (IAO), Stuttgart

D 93

Geleitwort der Herausgeber

Über den Erfolg und das Bestehen von Unternehmen in einer marktwirtschaftlichen Ordnung entscheidet letztendlich der Absatzmarkt. Das bedeutet, möglichst frühzeitig absatzmarktorientierte Anforderungen sowie deren Veränderungen zu erkennen und darauf zu reagieren.

Neue Technologien und Werkstoffe ermöglichen neue Produkte und eröffnen neue Märkte. Die neuen Produktions- und Informationstechnologien verwandeln signifikant und nachhaltig unsere industrielle Arbeitswelt. Politische und gesellschaftliche Veränderungen signalisieren und begleiten dabei einen Wertewandel, der auch in unseren Industriebetrieben deutlichen Niederschlag findet.

Die Aufgaben des Produktionsmanagements sind vielfältiger und anspruchsvoller geworden. Die Integration des europäischen Marktes, die Globalisierung vieler Industrien, die zunehmende Innovationsgeschwindigkeit, die Entwicklung zur Freizeitgesellschaft und die übergreifenden ökologischen und sozialen Probleme, zu deren Lösung die Wirtschaft ihren Beitrag leisten muß, erfordern von den Führungskräften erweiterte Perspektiven und Antworten, die über den Fokus traditionellen Produktionsmanagements deutlich hinausgehen.

Neue Formen der Arbeitsorganisation im indirekten und direkten Bereich sind heute schon feste Bestandteile innovativer Unternehmen. Die Entkopplung der Arbeitszeit von der Betriebszeit, integrierte Planungsansätze sowie der Aufbau dezentraler Strukturen sind nur einige der Konzepte, welche die aktuellen Entwicklungsrichtungen kennzeichnen. Erfreulich ist der Trend, immer mehr den Menschen in den Mittelpunkt der Arbeitsgestaltung zu stellen - die traditionell eher technokratisch akzentuierten Ansätze weichen einer stärkeren Human- und Organisationsorientierung. Qualifizierungsprogramme, Training und andere Formen der Mitarbeiterentwicklung gewinnen als Differenzierungsmerkmal und als Zukunftsinvestition in *Human Resources* an strategischer Bedeutung.

Von wissenschaftlicher Seite muß dieses Bemühen durch die Entwicklung von Methoden und Vorgehensweisen zur systematischen Analyse und Verbesserung des Systems Produktionsbetrieb einschließlich der erforderlichen Dienstleistungsfunktionen unterstützt werden. Die Ingenieure sind hier gefordert, in enger Zusammenarbeit mit anderen Disziplinen, z. B. der Informatik, der Wirtschaftswissenschaften und der Arbeitswissenschaft, Lösungen zu erarbeiten, die den veränderten Randbedingungen Rechnung tragen.

Die von den Herausgebern langjährig geleiteten Institute, das

- Institut für Industrielle Fertigung und Fabrikbetrieb der Universität Stuttgart (IFF),

- Institut für Arbeitswissenschaft und Technologiemanagement (IAT),

- Fraunhofer-Institut für Produktionstechnik und Automatisierung (IPA),

- Fraunhofer-Institut für Arbeitswirtschaft und Organisation (IAO) arbeiten in grundlegender und angewandter Forschung intensiv an den oben aufgezeigten Entwicklungen mit. Die Ausstattung der Labors und die Qualifikation der Mitarbeiter haben bereits in der Vergangenheit zu Forschungsergebnissen geführt, die für die Praxis von großem Wert waren. Zur Umsetzung gewonnener Erkenntnisse wird die Schriftenreihe „IPA-IAO - Forschung und Praxis" herausgegeben. Der vorliegende Band setzt diese Reihe fort. Eine Übersicht über bisher erschienene Titel wird am Schluß dieses Buches gegeben.

Dem Verfasser sei für die geleistete Arbeit gedankt, dem Springer-Verlag für die Aufnahme dieser Schriftenreihe in seine Angebotspalette und der Druckerei für saubere und zügige Ausführung. Möge das Buch von der Fachwelt gut aufgenommen werden.

H. J. Warnecke   E. Westkämper   H.-J. Bullinger

Vorwort

Die vorliegende Arbeit entstand während meiner Tätigkeit am Institut für Arbeitswissenschaft und Technologiemanagement der Universität Stuttgart (IAT) und am Fraunhofer-Institut für Arbeitswirtschaft und Organisation (IAO). Die Anregung zur wissenschaftlichen Erarbeitung des Themas geht zurück auf ein IAO-internes Projekt zur Realisierung eines Montageintranets.

Meinem Hauptberichter, Herrn Prof. Dr.-Ing. habil. H.-J. Bullinger, geschäftsführender Direktor des Instituts für Arbeitswissenschaft und Technologiemanagement der Universität Stuttgart (IAT) und Leiter des Fraunhofer-Instituts für Arbeitswirtschaft und Organisation (IAO), gilt mein besonderer Dank für die wissenschaftliche Unterstützung und wohlwollende Förderung der Arbeit.

Herrn Prof. Dr.-Ing. Dr. h.c. E. Westkämper, Leiter des Instituts für Industrielle Fertigung und Fabrikbetrieb der Universität Stuttgart (IFF) und des Fraunhofer-Instituts für Produktionstechnik und Automatisierung (IPA), danke ich für die Übernahme des Mitberichts.

Herrn Dr. Fähnrich danke ich für die Betreuung und Förderung des Themas. Frau Dr. Weisbecker und Herrn Dipl.-Inform. Görsch danke ich für die eingehende Durchsicht sowie für wertvolle Hinweise zur Arbeit. Meinen Kollegen Dipl.-Ing. S. Wilhelm und Dipl.-Inform. E. Schuster danke ich für die Mitarbeit bei der Realisierung des Informationssystems sowie für wertvolle Diskussionen in einem produktiven Arbeitsumfeld.

Ermutigung und Verständnis erhielt ich während der schwierigen Phasen in der Erstellung der Arbeit durch meine Lebensgefährtin Evelyn Hahn.

Stuttgart, im Dezember 1998

Inhaltsverzeichnis

1 Einleitung

Die Lage der produzierenden Unternehmen in den 90er Jahren ist geprägt von sehr turbulenten und sich schnell wandelnden Märkten. Die Firmen versuchen durch Prozeßorientierung in den wertschöpfenden Prozessen die Marktziele immer schneller und kostengünstiger zu erreichen. Die steigende Geschwindigkeit der technologischen Änderungen hat die Lebenszyklen der Produkte deutlich verkürzt und in fast allen Branchen zu härteren Wettbewerbsbedingungen - auch durch die Globalisierung - geführt /BuWa90/. Die Märkte der Zukunft verlangen eine strategische Neuausrichtung, die statt an den Economics of Scale an den Economics of Speed orientiert sein wird: Flexibilisierung, Individualität und Geschwindigkeit sind die neuen Zielsetzungen, gestützt auf Datenautobahnen und global denkende „Online-Kunden" /BuRo95/.

Die Anpassung der Organisation an geänderte Rahmenbedingungen wurde - ausgelöst durch Veröffentlichungen u.a. von Davenport /Dave93/ und Hammer /Ham90/ - Anfang der 90er Jahre von vielen Firmen angegangen. Geschäftsprozeßorientiertes Technologiemanagement ist gekennzeichnet durch die Identifikation der Kernprozesse des Unternehmens und deren informationeller Absicherung (z.B. durch die Bereitstellung entscheidungsrelevanter Prozeß- und Produktdaten). Vor dem Hintergrund einer Zunahme neuer Arbeitsstrukturen wie Gruppen- oder Inselarbeit kann daher von einer weiteren Steigerung des Informations- und Kommunikationsbedarfs ausgegangen werden /Bu94//PiBö95/. Die Beherrschung der Informations- und Kommunikationstechnologie muß somit zu einer Kernkompetenz des Unternehmens werden /BuRo95/.

Eine erste empirische Analyse abgeschlossener Business Process Reengineering Projekte zeigt, daß lediglich 50% aller Projekte die erhofften fundamentalen Verbesserungen von mindestens 30% bei Durchlaufzeit, Abwicklungskosten oder einer anderen erfolgsentscheidenden Größe auch wirklich erreichen konnten /Hess95/. BPR-Projekte, sofern sie zu ihrer Umsetzung operativer informations- und kommunikationstechnischer Unterstützungssysteme bedürfen, scheitern oft an einer großen Lücke zwischen den bisherigen informationstechnischen Infrastrukturen und den entsprechenden Anforderungen der in diesen Fällen zu realisierenden Systeme /BuFäKo95/. Bestehende Informationsbestände müssen transparent und selektiv zugänglich gemacht werden. Erstellte Dokumente müssen unmittelbar in der aktuellen Version zur Verfügung gestellt und auf elektronischem Wege weiterleitbar gemacht werden, um Medienbrüche zu vermeiden /Bu95/. Es ergibt sich somit ein Bedarf an aktueller, dezentraler Information für die Entscheidungsunterstützung, der durch aufgaben- und benutzerangemessene Informationssysteme zu unterstützen ist /BuFäHoNo95/ /BuFäTh94/.

2 Zielsetzung und Vorgehensweise

2.1 Zielsetzung

Ziel der vorliegenden Arbeit ist die Erstellung einer Architektur für ein Informationssystem, das Möglichkeiten bietet, bestehende DV-Systeme zu integrieren und die Informationstransparenz im Unternehmen deutlich zu verbessern. Die Architektur soll Modellierungs- und Realisierungsansätze für Produktionsunternehmen aufzeigen, um technische Informationen für Produkt und Produktion transparent zur Verfügung zu stellen - durchgängig und nutzergerecht.

In Präzisierung der allgemeinen Zielsetzung werden die folgenden Teilziele verfolgt:

- Schaffung eines Überblicks über den aktuellen Stand des DV-Systemeinsatzes in produzierenden Unternehmen und dessen Anforderungen.

- Aufzeigen des Standes des Wissens über Softwaretechnologien, speziell der Methoden der Systemintegration und der Modellierung.

- Erarbeitung einer Architektur für bestehende und zu integrierende DV-Systeme sowie einer formalen Beschreibung der Benutzungsoberfläche.

- Aufzeigen informationstechnischer Realisierungsmöglichkeiten, die eine architekturkonforme Kommunikation ermöglichen.

- Erarbeitung eines Vorgehensmodells zur unternehmensspezifischen Realisierung einer integrationsfähigen Architektur.

- Prototypische Erprobung von Vorgehensmodell und Architektur durch die Realisierung eines integrierten Produktinformationssystems für die Montage.

2.2 Vorgehensweise

Die Vorgehensweise zur Entwicklung der integrationsfähigen Architektur für ein Fertigungsinformationssystem ist in Abb. 2.1 dargestellt. Die Anforderungen an DV-Systeme für die Fertigungsindustrie - aus organisatorischer, informationstechnischer und betriebsspezifischer Sicht - werden in Kapitel 3 zusammengetragen. Abgeleitet von den Merkmalen der Prozeßorientierung werden Anforderungen aus organisatorischer Sicht an zukünftige DV-Systeme erarbeitet. Aus einer Befragung von Fertigungsunternehmen wird der aktuelle und der geplante Einsatz an DV-Unterstützung in den Funktionsbereichen ermittelt. Die realisierte Prozeßorientierung und Systemintegration über die Funktionsbereiche hinaus erlaubt Hinweise auf zukünftige Entwicklungen. In produzierenden Unternehmen werden mit einer weiteren Erhebung die im Fertigungsumfeld verwendeten technischen Informationen (Zeichnung, Arbeitsplan, Auftrag, Stückliste, Prüfplan) auf Gemeinsamkeiten hin untersucht.

- 14 -

Softwaretechnologien zur Integration von DV-Systemen werden in Kapitel 4 verglichen und klassifiziert. Betrachtet werden sowohl Methoden der Modellierung (Konzept und Vorgehensweise), grundlegende Möglichkeiten der Verknüpfung (informationstechnische Realisierung) sowie internationale Standardisierungs- und Normierungsbemühungen.

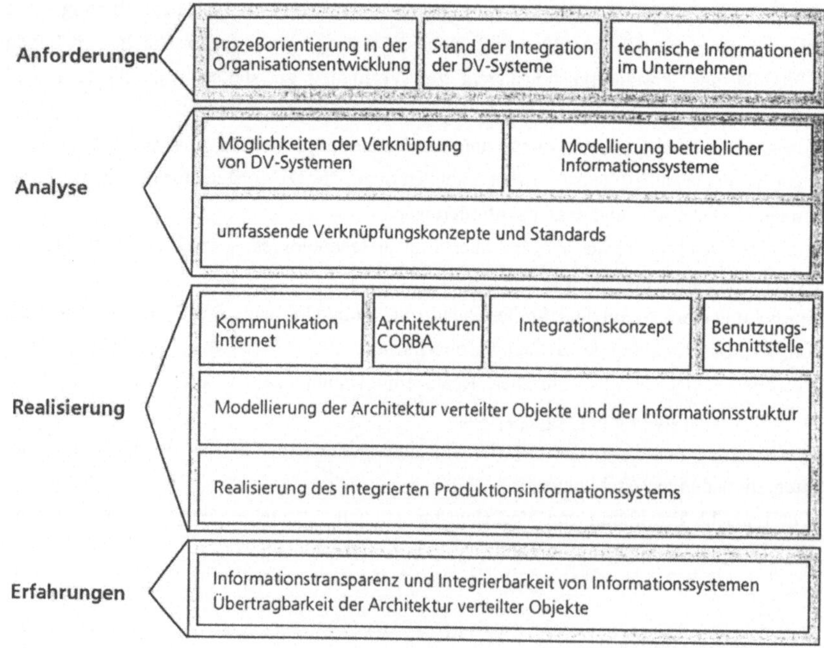

Abb. 2.1: Vorgehensweise zur Entwicklung einer Architektur verteilter Objekte zur Integration von Produktionsinformationssystemen

Der konzeptionelle Ansatz zur Integration von DV-Systemen wird im Kapitel 5 erarbeitet. Aus den Studien und Erhebungen (im Kapitel 3) werden die Anforderungen an eine DV-Architektur festgelegt. Kommunikationsarten in verteilten Systemen sowie Architekturen für verteilte Systeme werden bewertet und klassifiziert. Der konzeptionelle Ansatz für die Integrationsfähigkeit der Architektur wird gemeinsam mit den Beschreibungsmöglichkeiten für die DV-Systeme und der Benutzungsschnittstelle erarbeitet. Die notwendigen Softwaretechniken zur Realisierung dieses Integrationsansatzes werden herausgearbeitet.

Ausgehend vom konzeptionellen Ansatz werden im Kapitel 6 die Schichten der Architektur für den Einsatz in der Fertigungsindustrie modelliert. Die Art der Modellierung muß dabei den Anforderungen an Informationstransparenz und an Integrationsfähigkeit genügen sowie zusammen mit den Möglichkeiten der Kommunikation eine tragfähige Basis für zukünftige Entwicklungen bilden. Ein Vorgehen zur Realisierung einer unternehmensspezifischen, integrationsfähigen Architektur aus den erarbeiteten Komponenten – Konzept, Architektur, Kommunikation – wird entwickelt und ergänzt die Anwendbarkeit der Architektur.

Im Kapitel 7 wird das integrierte Produktionsinformationssystem entsprechend der entwikkelten Architektur realisiert. Anwendungsbereich sind Prozesse und Aufgaben in der Montage und Prüfung von Elektrogeräten. Hierzu werden entsprechend dem Vorgehensmodell die Anforderungen an die DV-Unterstützung aufgenommen, und die Modellierung durch die geschäftsprozeßorientierte Betrachtungsweise auf die zu unterstützenden Funktionen fokusiert. Die Integrationsfähigkeit wird durch die architekturkonforme Anbindung mehrerer DV-Systeme verifiziert. Die gewonnenen Erfahrungen bei der Konzeption, der Implementierung und dem Einsatz geben Hinweise auf die Einsetzbarkeit im Anwendungsgebiet der Fertigungsindustrie.

Im Kapitel 8 wird das Vorgehen zusammengefaßt, und die Ergebnisse der Arbeit werden kritisch betrachtet.

Anwendungsmöglichkeiten und Anregungen für Weiterentwicklungen (im Kapitel 9) bilden den Abschluß der Arbeit. Die Kompatibilität zu Standardsystemen wird anhand der SAP R/3 Architektur, dem SAP Business Framework, überprüft und bewertet. Anwendungsbereiche für ein architekturkonformes Basisinformationssystem mit konkreten Anwendungsszenarien werden beschrieben.

3 Anforderungen der Fertigungsindustrie an DV-Systeme

Zur Erhebung der Anforderungen an betriebliche DV-Systeme wird die Entwicklung der Organisation und der momentane Stand des DV-Einsatzes in den Unternehmen untersucht. Mit der Organisationsentwicklung verfolgen Unternehmen die Absicht, die Organisation schnell und einfach an den sich wandelnden Markt anzupassen. Der Stand der informationstechnischen Unterstützung in den Prozessen und Funktionen ergänzt den Anforderungskatalog aus informationstechnischer Sicht. Die zur Durchführung von Prozessen notwendigen technischen Informationen (Dokumente wie Zeichnung oder Auftrag) werden auf ihre Verallgemeinerungsfähigkeit hin untersucht.

3.1 Prozeßorientierung in der Organisationsentwicklung

Ausgelöst durch die nahezu zeitgleich publizierten Artikel von Davenport/Short /DaSh90/ und Hammer /Ham90/ sind seit 1990 eine ganze Reihe von Methoden zum Business Process Reengineering entstanden. Hess und Brecht /HeBr96/ haben 17 dieser Methoden nach Gestaltungsbereichen und dem Umfang ihrer Methodenunterstützung untersucht. Lediglich 6 der 17 untersuchten Methoden schließen bei der Suche nach innovativen Lösungsansätzen die Informationstechnik systematisch in die Methode mit ein. Bei den übrigen 11 Ansätzen spielt die Informationstechnik eine geringe oder sogar überhaupt keine Rolle.

Die Beschreibung von Prozessen beginnt und endet an den Grenzen einer Abteilung oder eines Unternehmensbereichs /HeBrÖs95/. Die Orientierung an der Aufbauorganisation verhindert eine durchgängige und logisch zusammenhängende Beschreibung eines Ablaufs bzw. Prozeßdurchlaufs. Die zunehmende Globalisierung der Märkte erfordert die informationstechnische Einbindung des Unternehmens, dessen in überbetriebliche Produktions-, Informations- oder Distributionsnetzwerke. Die nach innen gerichtete Sicht auf die Ablauforganisation verhindert die unternehmensübergreifende Vernetzung mit Kunden und Lieferanten. Die Informationstechnik kann hierzu einen großen Beitrag leisten /BuRo95/.

Beim Entwurf von Prozessen galt bislang folgende Vorgabe: je detaillierter und umfassender die organisatorischen Regelungen, desto besser ist das Verhalten der Beteiligten aufeinander abgestimmt /Blei91/. Die Konsequenz dieser Vorgabe ist, daß die „organisatorische Intelligenz" nicht beim Akteur sondern beim Prozeßkonzeptionisten liegt.
Der sehr dynamische Wandel der Marktanforderungen - gestern Just-In-Time, heute Zertifizierung und morgen? - hat gezeigt, daß starre Zielvorgaben zur Prozeßgestaltung die Flexibilität des Unternehmens hemmen.

Es ist notwendig für einzelne Prozesse - eventuell nochmals verfeinert auf Produktgruppen - Zielhierarchien zu benennen, die mit einer intelligenten Organisation und mit umfassender Informationsunterstützung schnell und einfach geändert werden können /Alt94/.

	Durchdringung Stand heute	Tendenz in den Unternehmen
organisatorische Offenheit		
Abteilungsübergreifender Informationsfluß entsprechend der Prozesse	O	●
geografische/personelle Offenheit		
Einbeziehung von Kunden und Lieferanten	◐	●
Einbeziehung von Dienstleistungsprozessen	◐	●
persönliche Offenheit		
Entscheidungsunterstützung nach dem Umfang des Entscheidungsspielraums und nach Qualifikation	O	◐
dynamische/zeitliche Offenheit		
Schnelle und einfache Anpassung an geänderte Prozeß- oder Unternehmensziele	O	◐
Unterstützung bei der Änderung von Prozessen	O	◐

● voll erfüllt   ◐ teilweise erfüllt   O nicht erfüllt

Abb. 3.1: Stand der Prozeßorientierung in der Informationstechnik

In Abb. 3.1 wird der Stand der Prozeßorientierung sowie die zukünftige Gewichtung aufgezeigt. Die Prozeßorientierung der Informationstechnik – die dezentrale, den Prozeß unterstützende Verfügbarkeit von Information - spielt für den Erfolg des Unternehmens im globalen Wettbewerb eine immer größere Rolle. Schwerpunkte der Umsetzung sind zunächst die internen Bereiche um eine organisatorische Offenheit zu erreichen. Diese Voraussetzungen werden im nächsten Schritt in die Vernetzung mit Kunden und Lieferanten sowie in die informationstechnische Unterstützung von Serviceprozessen mit eingebracht. Es läßt sich eine verstärkte Prozeßorientierung, die Unternehmensgrenzen überschreitet, erkennen. Damit einher geht ein zunehmender Informationsbedarf der in diese Prozesse involvierten Personen.

3.2 Stand des DV-Einsatzes in der Fertigungsindustrie

Im Herbst 1996 führte das Fraunhofer Institut für Arbeitswirtschaft und Organisation (IAO) eine Befragung (nicht veröffentlicht) von Fertigungsunternehmen zum Stand des DV-Einsatzes durch /IAO96/. Ziel der Befragung war es, Handlungsfelder für den Einsatz von DV-Technik in den Unternehmen aufzunehmen.

Die untersuchten Unternehmen sind durchweg Zulieferer der Automobilindustrie und des Maschinenbaus. Die Produkte sind meist einfacher Struktur (z.B. Ventile, Pumpen, Getriebe) und werden in Klein- und Mittelserien hergestellt. In der Fertigungsform (Insel-, Fließ-, Werkstätten-, Baustellenfertigung) unterscheiden sich die Unternehmen. In der prozentualen Verteilung verfügen alle über einen Rest an Werkstättenfertigung sowie große Teile neu gestalteter Insel- und Gruppenfertigung.

Bei den unternehmensstrategischen Handlungsfeldern wurde die Verbesserung im Herstellungsprozeß bzw. im internen Leistungserstellungsprozesses am häufigsten genannt. Erst danach wurde die Entwicklung neuer sowie die Verbesserung bestehender Produkte und die Erschließung neuer Marktsegmente angegeben. Zur Verbesserung des Herstellungsprozesses sind die momentan laufenden Aktivitäten meist die Bemühung um Kostensenkung und Verbesserung der Lieferfähigkeit. Zum Schluß folgen Aktivitäten zur Verbesserung der Qualität und der Produktionsflexibilität.

Abb. 3.2 zeigt den Stand des DV-Einsatzes in der Fertigungsindustrie im Hinblick auf die unterstützten Funktionsbereiche, die Prozesse sowie den Stand der Integration und der Kommunikation mit Externen. Die DV-Unterstützung in den Funktionsbereichen Vertrieb, Einkauf, Konstruktion, Produktionsplanung und Steuerung, Fertigung und Montage, Qualitätsmanagement, Service und Verwaltung war auf allgemein hohem Niveau. Die Installation neuer Systeme bzw. der Ersatz bereits bestehender Systeme beschränkte sich auf wenige Funktionsbereiche und war eher gering einzuschätzen.

Bei der Betrachtung der DV-Unterstützung von Prozessen (dem Angebots-, dem Entwicklungs-, dem Beschaffungs-, dem Fertigungs-, dem Montage-, dem Inbetriebnahmeprozeß) ergab sich ein uneinheitliches Bild. Einige Unternehmen hatten die für sie relevanten Prozesse mit integrierten Systemen unterstützt. Andere Unternehmen planten diese Unterstützung für die einzelnen Prozesse jeweils zeitversetzt im Jahresabstand.

Untersuchte Einsatzfelder der Informationstechnik	realisiert	noch keine Realisierung		
		nicht geplant	Ersatz	Neu
Funktionsbereiche				
Vertrieb	◐	◐	◐	
Einkauf	●	●		
Engineering	●	●		
Produktionsplanung u. -steuerung	●	●		
Fertigung u. Montage	●	●		
Qualitätsmanagement	◐	◐		
Service/Inbetriebnahme	○	◐		◐
Verwaltung/GL	●	◐	◐	
Prozesse				
Angebot	●			◐
Entwicklung/Design	○			◐
Beschaffung	●	●		
Fertigung	◐			◐
Montage	○	◐		◐
Inbetriebnahme	○			◐
Systemintegration				
Planungsbereich technisch	◐			◐
Produktionsplanung	●		◐	
Produktionssteuerung	●		◐	
Produktion	◐	◐		
Kommunikation (digital)				
Mit Betriebsstätten	◐			●
Mit Kunden	◐			◐
Mit Lieferanten	○			◐

● voll erfüllt   ◐ teilweise erfüllt   ○ nicht erfüllt

Abb. 3.2: Stand des DV-Einsatzes in der Fertigungsindustrie (Befragung IAO/1996)

Der Stand der Systemintegration (die Durchgängigkeit der Systeme ohne Medienbrüche; z.B. Online- oder Offline-Schnittstelle) bei den Unternehmen war sehr uneinheitlich. Große Bereiche waren mit Stand-Alone Lösungen ausgestattet, die keinen Kontakt zu anderen Systemen haben. Im Konstruktionsbereich überwogen Systeme, die über Schnittstellen mit ausreichender Funktionalität verbunden waren. Im Fertigungsbereich existierte lediglich ein Filetransfer mit eingeschränkter Funktionalität. In der Produktionsplanung wurden hauptsächlich integrierte Systeme aus der Hand eines Herstellers eingesetzt. Die Produktionssteuerung begnügte sich ebenso wie die Produktion mit einfachem Filetransfer mit eingeschränkter Funktionalität. Tendenzen zur Installation von Neusystemen waren kaum zu erkennen. Es wurden in der Regel bestehende DV-Systeme durch funktionskompatible Varianten ersetzt.

Die Kommunikation mit Kunden, Lieferanten oder mit weiteren Betriebsstätten erfolgt in der Regel nicht auf elektronischem Weg sondern per Fax, Post, Hauspost. Lediglich einzelne Großbetriebe mit mehreren Betriebsstätten tauschten die technischen Informationen wie Zeichnung, Stückliste, Arbeitsplan per EDIFACT (Standard zum elektronischen Datenaustausch) aus. Hierbei fällt auf, daß die Informationsträger Zeichnung und Stückliste zwischen Betriebsstätten, Kunden und Lieferanten durchgängig elektronisch ausgetauscht wurden. Auch hier wurden, wie bei den Funktionsbereichen, zunächst die internen Kommunikations-Schnittstellen verbunden, bevor externe (z.B. über EDIFACT) mit einbezogen wurden.

Diese Auswertung der Untersuchung bestätigte den in der Literatur bereits festgestellten Trend zur Prozeßorientierung. Deutlich wurde hierbei, daß die Kommunikation sowohl intern wie auch mit Kunden und Lieferanten in Zukunft verbessert werden wird. Spezifische Lösungen für die Funktionsbereiche wurden weniger nachgefragt, da diese die Prozeß- und die Integrationsproblematik der aktuellen, dezentralen und funktionsbereichsübergreifenden Information nicht lösen können.

3.3 Technische Informationen im Unternehmen

Technische Informationen sind die grundlegende Voraussetzung für eine wiederholbare Herstellung (Fertigung und Montage) von technischen Produkten. Von Seiten der DIN/ISO sind die technischen Informationen bezüglich Verwendung, Inhalt oder Formate nicht genormt. Mit einer Erhebung bei vier Maschinenbauunternehmen wurden die zur Produktion verwendeten technischen Unterlagen zusammengetragen (vgl. Abb. 3.3) und auf Austauschbarkeit und Vergleichbarkeit hin untersucht. Ziel der Erhebung war es Aussagen darüber zu erhalten, inwieweit Verwendung und Inhalt der technischen Unterlagen vergleichbar und somit standardisierbar sind.

	Maschinenbau 1	Maschinenbau 2	Komponenten-fertiger 1	Komponenten-fertiger 2
Zeichnung	●	●	●	●
Stückliste	●	●	◐	●
Arbeitsplan	◐	◐	●	●
Fertigungsauftrag	◐	●	●	●
Prüfplan	◐	○	◐	○

● voll verwendet   ◐ teilweise verwendet   ○ nicht verwendet

Abb. 3.3: Technische Informationen / Dokumente für Produktion und Montage

Als Kriterium der Vergleichbarkeit wurde folgendes festgelegt: Die Vergleichbarkeit ist gegeben, wenn die Verwendung, der Inhalt und die Bezüge der technischen Unterlagen gleich oder weitgehend ähnlich sind.

Zeichnung, Stückliste, Arbeitsplan und Fertigungsauftrag waren bei allen Unternehmen vorhanden, wobei Prüfpläne nur bei zwei Unternehmen - und dort nicht durchgängig für das gesamte Produktspektrum - verwendet wurden.

Der Inhalt der technischen Dokumente differierte bei den Arbeitsplänen und den Fertigungsaufträgen am meisten. So wurden einerseits detaillierte Arbeitsgangbeschreibungen - mit arbeitsgangspezifischen Zeichnungen und den zu verwendenden Vorrichtungen - eingesetzt aber andererseits auch Arbeitsgangbeschreibungen, die sich auf den Hinweis „Fertigen nach Zeichnung ..." beschränkten.

Die Formate waren durchweg firmenspezifisch, und weder bei der Position noch bei der verwendeten Stellenzahl oder bezüglich des verwendeten Nummerungssystems vergleichbar. Am ehesten vergleichbar waren die Zeichnungen, die über den Zeichnungskopf eine gewisse Einheitlichkeit darstellten.

Die Bezüge bzw. Verweise auf zugehörige Dokumente oder technische Informationen waren bei jedem Unternehmen in sich schlüssig, jedoch nicht auf ein anderes Unternehmen übertragbar. Ein häufig verwendeter Bezug war die Teilenummer, die meist der Zeichnungsnummer entsprach.

Redundant verwendete Inhalte traten unterschiedlich häufig in den technischen Dokumenten auf. Der am häufigsten redundant verwendete Inhalt war die Teilenummer gefolgt von einer Auftragsnummer oder Auftragsbezeichnung.

Die verwendeten Begriffe für die technischen Dokumente waren uneinheitlich. Der Arbeitsplan, der die notwendigen Arbeitsschritte in ihrer Reihenfolge festlegt, wurde z.B. mit den folgenden Begriffen belegt: Stammkarte, Arbeitsplan oder Warenbegleitkarte.

Die Untersuchung der Vergleichbarkeit technischer Informationen in Unternehmen ergab folgendes Bild: Die in allen Unternehmen verwendeten technischen Dokumente waren Zeichnung, Stückliste, Arbeitsplan und Fertigungsauftrag. Vergleichbarkeit war gegeben. Austauschbarkeit war auf Grund der großen Unterschiede (bezüglich der Bezeichnung, den Inhalten, den Formaten und den Bezügen) nicht gegeben. Eine Durchgängigkeit bezüglich der Verweise und Bezüge war lediglich innerhalb der Unternehmen gegeben. Somit bleibt festzuhalten, daß Vergleichbarkeit nur auf einem hohen Abstraktionsniveau gegeben war. Diese Erkenntnis muß bei der Granularität der Modellierung Berücksichtigung finden.

Der durch Literaturübersicht und Untersuchung aufgezeigte Trend zur Prozeßorientierung - bis hin zur Einbeziehung von Kunden und Lieferanten - bedarf adäquater Informationsunterstützung, die bis heute nicht realisiert ist. Zentrale Elemente solcher Informationssysteme sind die zur Integration und Kommunikation eingesetzten Softwaretechniken. Diese sind Betrachtungsgegenstand in Kapitel 4 (Schnittstellenstandards) und Kapitel 5 (Architekturen und Kommunikation) und bilden die Voraussetzungen für das Integrationskonzept in der Fertigungsindustrie.

4 Integrierte DV-Systeme

Ein integriertes System ermöglicht neue Abläufe, und ist damit wohl die wichtigste Grundlage des Business Process Reengineering (BPR), das neue Wirtschafts- und Unternehmensstrukturen im Informationszeitalter ermöglicht /Ös96/. Der Stand des Wissens bei der Systemintegration wird aufgezeigt, wobei die grundlegenden Möglichkeiten der Verknüpfung und der Festlegung von Schnittstellen sowie Standardisierungsbemühungen aufgenommen werden. Umfassende Verknüpfungskonzepte aus der Literatur, die sowohl Methode, Technologie als auch Architektur umfassen können, werden auf ihre Anwendbarkeit hin untersucht.

4.1 Möglichkeiten zur Verknüpfung von DV-Systemen

Die Notwendigkeit zur Integration bzw. die Verknüpfung bestehender betrieblicher Informationssysteme rührt von der Entwicklung der ersten Informationssysteme in den Zeiten her, als der Taylorismus mit seiner funktionalen Arbeitsteilung vorherrschend war. Ziel bei CIM, der Computer Integrierten Fertigung (CIM = Computer Integrated Manufacturing), war die Verknüpfung innerhalb der betrieblichen Teilbereiche wie Rechnungswesen, Produktionsplanung und -steuerung und die Verknüpfung zwischen den technischen Funktionen, wie Konstruktion (CAD), Arbeitsplanung (CAE) und Fertigung (CAM) /Sche87/. Eine verbreitete Form der DV-technischen Verknüpfung ist die Kopplung über formatierte Dateien sowie die Kopplung mit Hilfe von Konvertern. Obwohl Standardisierungsbemühungen festzustellen sind, bleibt trotzdem ein zu hoher Aufwand an speziellen Zwischendateien und Konvertern anzumerken /SchoRe91/. Einen umfassenden Schritt in Richtung Integration sieht Scholz-Reiter in der Verknüpfung über Datenbanken. Hierbei sieht er nicht die zentrale Datenbank für alle Applikationen als zukunftsweisenden Forschungsansatz, sondern verteilte Datenbanksysteme, die als föderativer Datenbankserver intelligent zusammenarbeiten.

4.1.1 Beschreibungsgegenstand integrierte DV-Systeme

Die Verbindung bislang getrennter funktionaler Bereiche - zur Realisierung durchgängiger Vorgangs- oder Prozeßketten ohne Medienbrüche - steht beim Integrationsansatz im Vordergrund /Sche92/. Am Anfang der 90er Jahre war die statische Verbindung dieser Einzelsysteme das Ziel. Heute muß das Ziel die dynamische Abbildung des Informationsgehalts aller Einzelsysteme des Unternehmens sein.

Die betrachteten Einzelsysteme interagieren über Schnittstellen miteinander, die in der Regel als Informationsaustausch anzusehen sind. Voraussetzungen zum Informationsaustausch sind die Übereinstimmung von Semantik und Syntax, sowie die physikalische Realisierung der Kommunikation mit Netzwerken.

Scholz-Reiter spricht im Zusammenhang der Integration von einem vollständigen Vermeiden von Schnittstellen /SchoRe91/.

Hirsch-Kreinsen weist bei der Integration darauf hin, daß diese nicht nur informations-technisch als Ersatz von Softwarepaketen, Hardwarekomponenten und Kommunikations-einrichtungen verstanden werden sollten. Für ihn hat die Integration in hohem Maße auch prozeßorganisatorischen Charakter /HiKr86/. Die Integration wird - in Anlehnung an Scheer /Sche92/ - in die Daten- und die Funktionsintegration unterteilt. Ziel der Funktionsintegration ist die Zusammenfassung arbeitsteiliger Applikationen, wobei die Datenintegration diesen Aspekt außer acht läßt, jedoch eine zumindest logisch einheitliche Datenbasis unterlegt. Diese einheitliche Datenbasis ist zum einen vorteilhaft für die Schnittstellen, da hier die Daten-konvertierung und -übertragung entfällt, und zum anderen für die Vermeidung von Daten-redundanzen bei verteilt arbeitenden Applikationen.

4.1.2 Grundlegende Möglichkeiten der Verknüpfung

Die Verknüpfung betrieblicher Systeme ist ein heute allgegenwärtiger Zustand. Die Arten der Verknüpfung sind jedoch sehr unterschiedlich in der Effizienz und Effektivität. Es existieren vier grundsätzliche Möglichkeiten der Verknüpfung, die im Anhang A ausführlich erläutert werden:

- Menschlicher Eingriff
- Formatierte Datei
- Konverter
- Datenbank

Scheer und Scholz-Reiter präferieren zur Integration von Applikationen das gemeinsame Datenbanksystem, wobei offen ist, wie dieses zu realisieren ist. Für die Applikationen bedeu-tet dies die Anpassung an ein einheitliches Datenbankschema, für das Vorschläge auf inter-nationaler Normungsebene existieren müssen, um den Investitionsschutz der Systemhersteller und -anwender zu gewährleisten.

4.1.3 Schnittstellenstandardisierung

Bei Schnittstellen wird unterschieden nach folgenden Daten:
- Produktdefinierende Daten - z.B. CAD-File
- Produktionstechnische Daten - z.B. Beschreibung von Arbeitsgängen
- Auftragsbezogene Daten - z.B. Lieferschein

Im folgenden wird der Stand der Standardisierung dieser Daten kurz erläutert. Die ausführ-liche Auflistung der Schnittstellenstandards ist dem Anhang A zu entnehmen.

Bei produktdefinierenden Daten zwischen CAD-Systemen wie auch funktional benachbarten Applikationen (z.B. NC-Programmierung) existieren vielfältige Standardisierungsvorschläge für die Datenschnittstellen z.B. IGES (Initial Graphics Exchange Specification) oder VDAFS (VDA-Flächenschnittstelle)).

Sowohl IGES als auch VDAFS sind vorwiegend geometrisch orientiert, wohingegen PDES (Product Data Exchange using STEP) sowohl technologische wie auch organisatorische Daten austauschbar macht /Hol95/.

Im Bereich der produktionstechnischen Daten sind die beiden Schnittstellenbeschreibungen CLDATA (Cutter Location Data - Werkzeugpositionsdaten) und IRDATA (Industrial Robot Data) maschinenneutral für NC-Maschinen und Roboter festgelegt (DIN66215 und VDI-Richtlinie 2863) /DIN66215/. Die CLDATA-Schnittstelle wurde in den letzten Jahren nicht weiterentwickelt.

Schnittstellen in auftragsbezogenen sowie zwischen auftrags- und produktbezogenen Applikationen sind nicht für sich standardisiert, sondern werden im Zusammenhang mit den oben erwähnten produkt- und produktionsbezogenen Schnittstellen behandelt. Eine Besonderheit ist der EDIFACT-Standard (Electronic Data Interchange For Administration, Commerce and Transport - ISO9735) /ISO9735/.

Die standardisierten Schnittstellen im fertigungstechnischen Umfeld sind mehrheitlich funktional orientiert und somit bei heterogenen Systemlandschaften und Applikationen nur aufwendig für jedes Einzelsystem zu realisieren. Eine prozeßorientierte Durchgängigkeit ist nicht gegeben.

4.1.4 Netzwerke

Netzwerke sind gekennzeichnet durch ihren topologischen Aufbau, die zur Verfügung stehenden Dienste und die rechtlich/geografischen Gesichtspunkte. Diese sind zusammen mit dem ISO/OSI Referenzmodell im Anhang A ausführlich beschrieben.

Die Kommunikation auf informationstechnischer Ebene (ISO/OSI Schichten 1 bis 4) kann als gelöst betrachtet werden. Die Kommunikation in offenen Netzwerken wird durch das ISO/OSI Schichtenmodell festgelegt, das als Weltstandard akzeptiert ist. Normierungsbemühungen auf Schnittstellenebene (Schicht 7) sind, soweit sie funktional gegliedert sind, heute verschwunden oder haben nur noch geringe Bedeutung. Aktuelle Konzepte auf Schnittstellenebene sind objektorientiert (wie das STEP-Modell für Produkt- und Produktionsdaten).

Zusammenfassend ist zu sagen, daß die Techniken der Verknüpfung von Systemen die zuvor aufgestellten Anforderungen an Prozeßunterstützung jeweils nur firmenspezifisch (im Einzelfall) lösen. Die Normierungsbemühungen haben sich nur in Teilbereichen (EDIFACT) am Markt durchgesetzt.

4.2 Modellierung betrieblicher Informationssysteme

Konzeptionelle Modelle, die integrierten Informations- und Kommunikationssystemen zugrunde liegen, sind Voraussetzung zur Standardisierung von Schnittstellen /SchoRe91/. Scheer /Sche92/ fordert zur durchgängigen Beschreibung der Prozeßketten „objektbezogene Datenmodelle", die funktionsunabhängig sind. Die Modellierung ist somit eine Komponente zur Beschreibung integrierter DV-Systeme. Zur Beschreibung des Aufbaus betrieblicher Informationssysteme und deren Funktionsweisen bedarf es eines allgemein verwendbaren Rahmens, wie er in Form der allgemeinen Systemtheorie gegeben ist.

Bei den Modellierungsansätzen wird unterschieden nach:

- Funktionaler Zerlegung - SA /DeMa79/
- Datenflußorientierter Zerlegung - SA /Ra91/
- Datenorientierter Zerlegung - ERM /Che76/ /Sche94/ /Sinz88/
- Objektorientierter Zerlegung - OOA /CoYo91/; OMT /Rum91/; SOM /FeSi94/; TOC /Zi96/

Die Beschreibung der o.g. Modellierungsansätze sowie deren Vor- und Nachteile sind im Anhang B in textueller Form und als Tabelle enthalten. Die Datenorientierte Zerlegung (wie das ERM nach Chen /Che76/) und Datenflußorientierte Modellierungsansätze (wie Structured Analysis (SA) nach DeMarco /DeMa79/) sind heute die vorrangig verwendeten Modellierungsansätze. Da SA und ERM unabhängig voneinander entwickelt wurden, fehlt ein integriertes Meta-Modell, anhand dessen die Datensicht und die Funktionssicht ableitbar sind. Die Konsistenz und Vollständigkeit der Daten- und Funktionssicht ist daher nur schwer überprüfbar.

Die datenorientierte Zerlegung ermöglicht sowohl die bessere Strukturierung in Prozeßketten, Funktionen und Daten als auch deren schrittweise Verfeinerung. Die objektorientierte Zerlegung dagegen kann bei der Abbildung bestehender Systeme vorteilhaft eingesetzt werden. Sie ermöglicht sowohl die Beständigkeit des Modells als auch dessen der realitätsnahe Abbildung. Keine der untersuchten Modellierungsmethoden erfüllt die Hauptforderungen nach der Beständigkeit und gleichzeitiger Flexibilität des Modells, die auch Benutzeranforderungen schnell und einfach abbilden können sollte.

4.3 Umfassende Integrationsansätze

Bei den in Kapitel 4.1 behandelten Konzepten zur Verknüpfung besteht wegen ihrer begrenzten Einsetzbarkeit die Gefahr, daß neue - wenn auch größere - Inseln entstehen. Was bislang fehlt, ist ein unternehmensweiter, ggf. unternehmensübergreifender Ansatz. Er sollte die Möglichkeit bieten, vorhandene Systeme untereinander so zu verbinden, daß möglichst wenig Schnittstellen entstehen, die dann korrekt aufeinander abgestimmt sind. Im folgenden werden deswegen umfassende Integrationsansätze aus der Literatur untersucht.

Erste Ansätze zur Integration wurden Mitte der 80er Jahre mit den Systemen COPICS von IBM und CIMOS von MTU realisiert. Diese basieren auf der Aktionsorientierten Datenverarbeitung (AODV), die wiederum auf einem Koordinationsansatz beruht /Me85/. Problempunkte des Systems sind zum einen dessen Inflexibilität, des weiteren die sofortige Festschreibung der Funktionen und Nutzer sowie die aufwendige Integration von Fremdsystemen über funktionale Schnittstellen.

4.3.1 Interface Management System (INMAS)

Das Problem der Zweierkopplungen wurde beim CIM-Handler / Interface Management System (INMAS) durch ein schnittstellenneutrales Schnittstellenverwaltungssystem (Abb. 4.1) gelöst. Basis der Datenstruktur und -beschreibung ist das STEP-Modell.

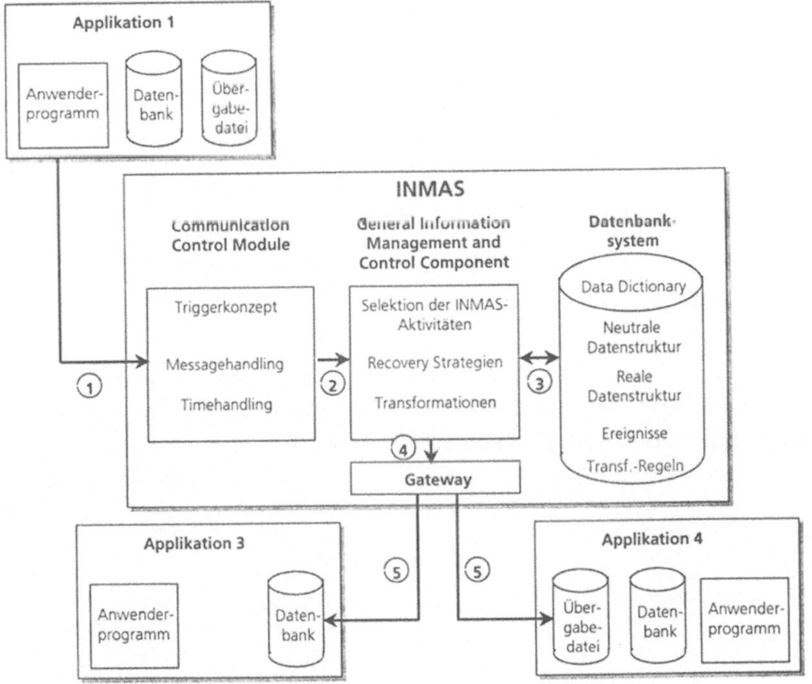

Abb. 4.1: Architektur Interface Management System (INMAS)

Die Benutzungsoberfläche der einzelnen Komponenten bleibt jedoch unterschiedlich, da sie vom CIM-Handler nicht beeinflußbar ist. Hier können Fremdsysteme integriert werden, jedoch nur unter Beibehaltung der bisherigen Systemdialoge.

4.3.2 Computer Aided Simulation and Information Handling (CASH)

Das CASH-Konzept (Computer Aided Simulation and Information Handling) von Siemens (Abb. 4.2) - es geht wie der CIM-Handler von einer zentralen Statusdatei aus - verwendet ein Petri-Netz. Prozesse werden über dieses Petri-Netz verzahnt und untereinander abgestimmt /SchoRe91/.

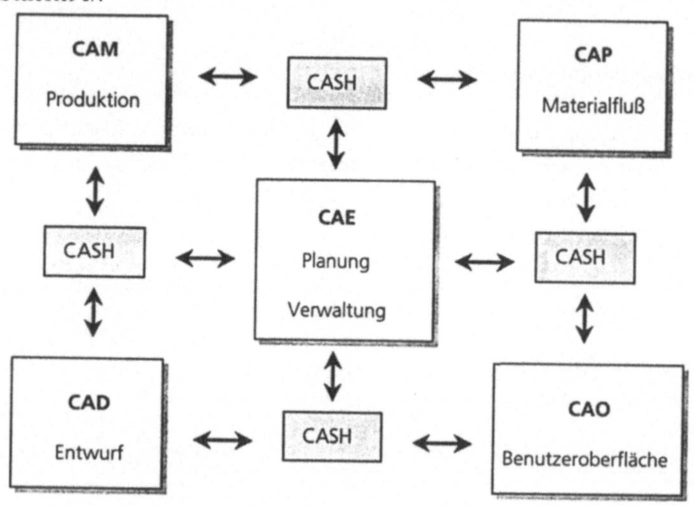

Abb. 4.2: CASH-Konzept

Im CASH-Konzept sind die hier angedachten Kommunikationskanäle über das Petri-Netz als neu zu betrachten. Die Problematik der Änderungsanfälligkeit oder der leichten Integrierbarkeit weiterer Applikationen wird außer acht gelassen.

4.3.3 Blackboard-Architektur

Ein Verknüpfungskonzept aus dem Umfeld der künstlichen Intelligenz ist die Blackboard-Architektur /Ni86/(Abb. 4.3). Als Informations- und Kommunikationsmanager ist ein Expertensystem vorgesehen, das eventuell noch weitere funktionale Expertensysteme bedienen kann. Ein realisiertes Verknüpfungskonzept ist das Produktionsplanungs- und -steuerungssystem OPIS, das nach den Prinzipien der Backboard-Architektur aufgebaut ist und mehrere Wissensbasen für alternative Planungsstrategien enthält /Krall91/.

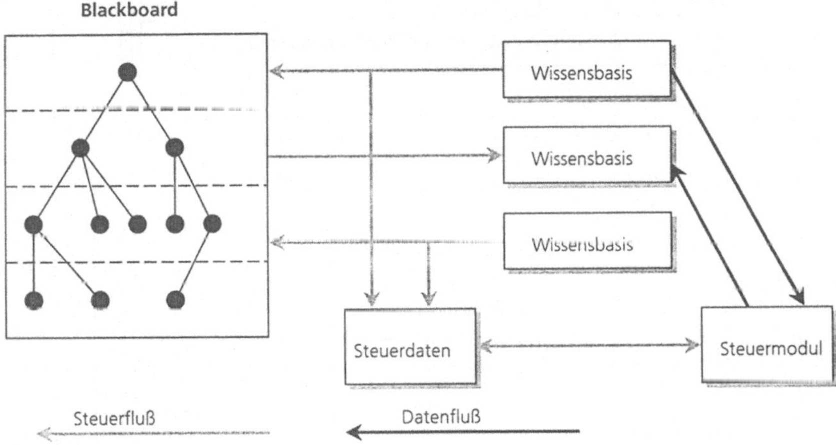

Abb. 4.3: Blackboard-Architektur nach Nii

4.3.4 Standard for the Exchange of Product Model Data (STEP)

Mit STEP (Standard for the Exchange of Product Model Data) ISO-Norm 10303 wird eine neue Sichtweise der Datenintegration verfolgt. Bisherige Entwicklungen im Schnittstellenbereich (IGES, VDAFS und SET) sind ausschließlich auf den Datenaustausch zugeschnitten. Bei STEP liegt eine objektorientierte Betrachtungsweise vor, die auf das Produkt bezogen ist /Holl95/. Die Produktdaten umfassen alle Merkmale eines Produktes. Erstellt und verarbeitet werden Daten über den vollständigen Produktlebenszyklus - von der ersten Konzeption bis zum Recycling. Ziel ist die Schaffung einer gemeinsamen Semantik für alle am gesamten Produktlebenszyklus beteiligten Softwaresysteme. Der Aufbau von STEP ist in Abb. 4.4 dargestellt.

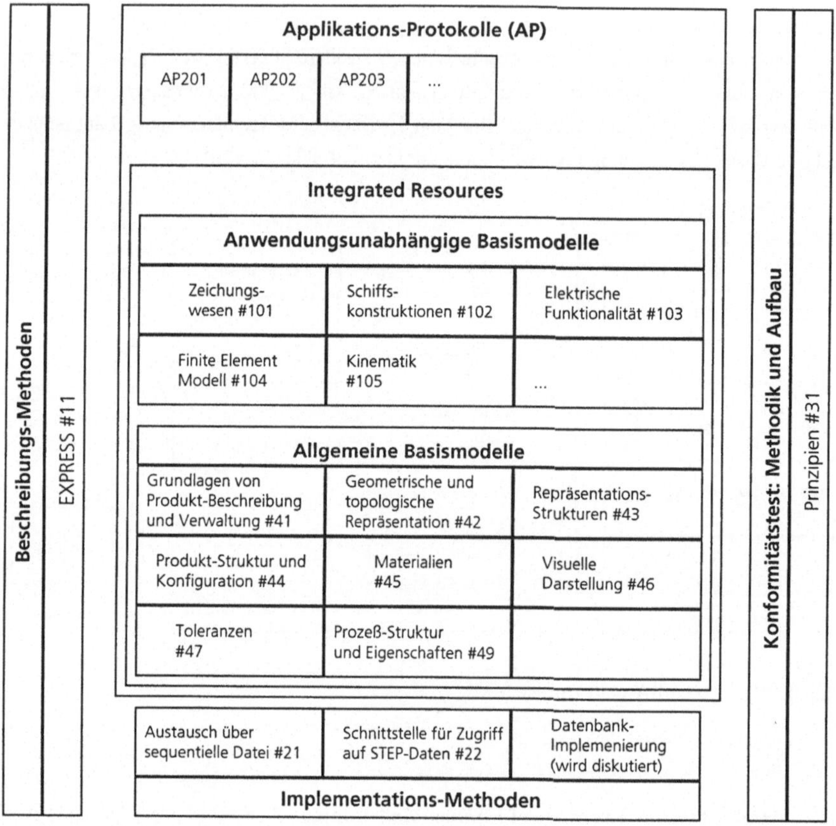

Abb. 4.4: Aufbau von STEP

Heute eingesetzte Systeme verwenden intern proprietäre Modelle zur Datenverwaltung. Sogenannte STEP-Prozessoren übernehmen die Umsetzung der systemspezifischen Datenrepräsentation in das neutrale STEP-Format und umgekehrt. Derartige Softwaremodule werden z.B. von debis für das CAD-System CATIA, von Hewlett-Packard für HP/PE SolidDesigner u.a. angeboten. Der bisherige Schwerpunkt war der Austausch von Volumenmodellen. Als nächster Schritt wird die Implementierung STEP-gerechter Datenmodelle in Produktdatenbanken angegangen. Kernkomponente ist dabei eine höherwertige Zugriffsschicht zwischen Datenverwaltung und Anwendung.

4.3.5 CIM - Open Systems Architecture (CIMOSA)

Im Rahmen des ESPRIT-Projektes Nr. 688 (Computer Integrated Manufacture Open Systems Architecture) wurde eine offene Systemarchitektur (Abb. 4.5) für betriebliche DV-Systeme geschaffen /CIMOSA90a/. CIMOSA beschreibt diese Dienste auf sehr abstrakter Ebene für das Management von Prozeßabläufen, das Informationsmanagement, die Übermittlung von Daten und die Schnittstellen nach außen. CIMOSA beschreibt Dienste und definiert Schnittstellen. Somit können auch hier lediglich Integrationen über Schnittstellen realisiert werden.

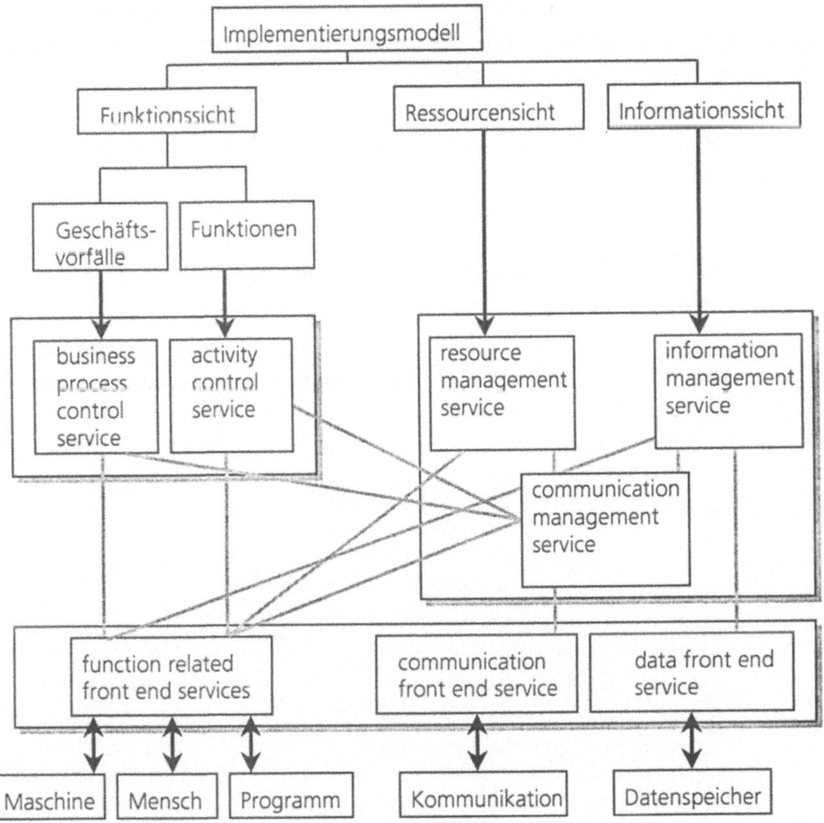

Abb. 4.5: Verknüpfung der integrierten Dienste in Anlehnung an CIMOSA

Aus diesem Ansatz ist ein BPR-Tool hervorgegangen, das auf die beschriebene 3-Schichten Architektur (Daten, Logik, Präsentation) abhebt, und ähnlich wie ARIS von Scheer mehrere Sichten (Daten-, Funktions-, Steuersicht) auf die Modelle zuläßt.

4.3.6 Architektur integrierter Informationssysteme (ARIS)

Ein interessanter Ansatz aus jüngerer Zeit ist die Architektur integrierter Informationssysteme (ARIS) /Sche92/. Dort werden unterschiedliche Sichten (Datensicht, Funktionssicht und Organisationssicht) unterschieden. Der konzeptionelle Integrationsansatz läßt sich auf ein „Unternehmensdatenmodell" zurückführen, das über ein ERM beschrieben wird. Hierbei handelt es sich um keinen Integrations-, sondern mehr um einen Strukturierungs- und Beschreibungsansatz, der die Abbildung von Unternehmensprozessen auf das Informationssystem zum Ziel hat.

Die grundlegenden Möglichkeiten der Verknüpfung beschränken sich auf eine definierte Syntax und Semantik der auszutauschenden Daten.

Ganzheitliche Ansätze zur Beschreibung integrierter Systeme bieten die Modellierungsmethoden, die jedoch ebenso wie die Schnittstellenbeschreibungen, auf der Datenebene bleiben.

Die umfassenden Verknüpfungskonzepte aus der Literaturübersicht zeigen jedoch Schwächen bei der Integration von bestehenden Produktionsinformationssystemen. Zur Integration werden lediglich Schnittstellen angeboten, oder es sind wie bei INMAS und ARIS durchgängige Unternehmensdatenmodelle notwendig, die bei der Einbeziehung mehrerer Unternehmensbereiche sehr schnell zu komplex und dadurch nicht mehr handhabbar werden. Die umfassenden Verknüpfungskonzepte beinhalten Ansätze zur Realisierung integrierter Systeme, die Konzept und Kommunikation beschreiben. Die objektorientierte Modellierung sowie darauf aufbauende Architekturen weisen Ansätze hinsichtlich Flexibilität und Benutzerfreundlichkeit (relevant bei der Integration mehrerer DV-Systeme) auf, und werden im folgenden weiter betrachtet.

5 Ein Integrationskonzept für DV-Systeme in der Fertigung

Die Anforderungen an DV-Systeme im Produktionsumfeld lassen sich in zwei Hauptpunkten zusammenfassen: der Integrationsfähigkeit für bestehende DV-Systeme und der informationstechnischen Unterstützung unternehmensspezifischer Prozesse. Da die in Kapitel 4 untersuchten Integrationsansätze diesen Anforderungen nicht gerecht werden, müssen die grundlegenden Bestandteile eines Informations- und Kommunikationssystems in die Betrachtung mit einbezogen werden. Für den hier eingegrenzten Betrachtungsfall der Fertigung sind das: die technischen Informationen, die Architekturen und die zur Kommunikation eingesetzten Softwaretechniken, die unter dem Begriff Middleware zusammengefaßt werden. Das neue Integrationskonzept wird aus den modernen Architekturen abgeleitet. Damit ist sichergestellt, daß die in der Architektur zur Kommunikation verwendeten Softwaretechnologien auch für das entwickelte Integrationskonzept anwendbar sind.

5.1 Begriffe und Definitionen

Die zentralen Begriffe der Integration, der Kommunikation, der Business Objects, der Information und der Informationsstruktur werden eingeführt und für diese Arbeit definiert.

Ein *Objekt* besteht aus Attributen und Methoden. Sie bilden nach außen eine geschlossene Einheit. Über ihre Methoden sind sie für die Umwelt zugänglich. Bei der Objektorientierung werden Abstraktion, Vererbung und Polymorphismus angewandt /CoYo91/.

Ein *Business Object* dagegen beschreibt einen zentralen Gegenstand im Geschäftsbereich des Unternehmens. Die Realität wird so genau wie möglich abgebildet /OMG95/. Die Ermittlung (das Finden) erfolgt beispielsweise nach der Methode der Objektorientierten Analyse (OOA) nach Coad Yourdon /CoYo91/. Bei der OOA sind die Anforderungen an eine Modellierungsmethode weitgehend erfüllt - realitätsnahe Abbildung, Beständigkeit des Modells sowie Trennung zwischen Aufgabe und Aufgabenträger. Zusatzmöglichkeiten wie die Abbildung von Prozeßketten oder die Modellierung von Dialogen sind nicht relevant, da mit OOA ausschließlich das statische Modell der Business Objects modelliert wird, wobei die prozeßorientierte Betrachtung nur zur Einschränkung des Untersuchungsraumes dient.
Zur Festlegung des Begriffs Business Object wird folgendes definiert: Ein zentraler Gegenstand im Geschäftsbereich des Unternehmens, der über seine Schnittstellen (Methoden) beschrieben ist und keine Attribute besitzt.

Die *Integration* wird hier - in Abgrenzung zu Scheer - als Fähigkeit zur Kommunikation definiert. Scheer definiert, daß als Voraussetzung für ein integriertes Informationssystem eine integrierte Datenbasis vorhanden sein müsse, bei der unternehmensweit Daten einheitlich festgelegt, möglichst redundanzfrei erfaßt und verarbeitet werden /Sche94/.

Die *Kommunikation* beschreibt die Art des Datenaustauschs zwischen Systemen und Applikationen. Sie wird nach Art (synchron oder asynchron) und dem Verteilerprinzip (Client/Server oder Peer-to-Peer) unterschieden. Die Kommunikation wird hier in engem Zusammenhang mit dem Begriff der Integration betrachtet.

Unter *Information* wird hier das zur Durchführung einer Tätigkeit oder Aufgabe notwendige Wissen verstanden. Die *Informationsstruktur* legt die Bereiche der möglichen Informationen statisch fest. Hierbei wird einerseits die Einschränkung auf Fertigungsunternehmen vorgenommen, und anderseits auf technische Informationen zur Herstellung von Produkten und zur Ermöglichung von Dienstleistungen rund um das Produkt.

5.2 Anforderungen

Das neue Integrationskonzept muß unternehmensstrategische Überlegungen unter den Aspekten zunehmender Globalisierung, der Vernetzung mit Kunden zu Zulieferern sowie von Agilität und Flexibilität in Bezug auf neue Marktanforderungen unterstützen. Die informationstechnische Konzeption muß - aus Kosten- und Ressourcensicht - langfristig angelegt sein, und gleichzeitig die Möglichkeit bieten, neue Entwicklungen in den Bereichen Hardware und Applikationen sowie beim Einsatz neuer Medien mit einzubeziehen. Der Einsatz neuer Medien muß aus Gründen der Aufgaben- und Benutzerangemessenheit möglich sein.

5.2.1 Breitenstudie - DV-Einsatz in der Fertigungsindustrie

- Wettbewerbsposition und neue Anforderungen der Märkte
Die Stärkung der Wettbewerbsposition im globaler werdenden Wettbewerb muß in den Dimensionen Zeit, Qualität und Ortsunabhängigkeit (der technischen Informationen) gewährleistet sein. Kundenanforderungen reichen von einer Informationstransparenz über Lagerbestände aktueller Produkte oder Dienstleistungen bis hin zu neuen Produktankündigungen - die „kundengerecht" aufbereitet sein müssen. Die Vernetzung mit Zulieferunternehmen bedingt die Kommunikationsfähigkeit der heterogenen DV-Landschaften mit den Funktionsbereichen Konstruktion, Arbeitsvorbereitung, Fertigung, Einkauf und Vertrieb.

- DV-Architektur und Betrieb der Unternehmens-DV

Die in den Unternehmen vorliegende DV-Architektur ist aus ihrer Historie heraus heterogen. Ihr Betrieb ist für die verantwortlichen DV-Abteilungen nur mit mittlerem bis großem Aufwand zu garantieren, weswegen neue Integrationskonzepte die begrenzten personellen Ressourcen der DV-Abteilungen berücksichtigen müssen. Die Heterogenität und Komplexität der Lösungen muß reduziert werden, um Kapazitäten für die Realisierung neuer informationstechnischer Dienstleistungen zu erhalten.

- Prozeßorientierung

Aus Sicht der Prozeßorientierung ist es für die Prozeßbeteiligten notwendig, Informationen aus den logisch davor liegenden Prozeßschritten zu erhalten, um planende und steuernde Tätigkeiten unterstützen zu können sowie die informationstechnische Wertschöpfung in den indirekt produktiven Bereichen durchgängig zu gestalten. Hier birgt jede Schnittstelle und jeder Medienbruch Zeitverzögerungen sowie die Gefahr von Informationsverlust und Fehlern aufgrund von Fehleingaben.

- Informationsbedarf der Funktionsbereiche

Durch die Änderung der Aufgabeninhalte sowie durch Jobenlargement und Jobenrichment benötigen die Betroffenen sowohl Informationen aus den angrenzenden Abteilungen als auch aus den Zentralabteilungen, wie der Planung und Steuerung oder des Controlling. Die Heterogenität der eingesetzten Systeme muß durch einen Integrationsansatz überwunden werden, der anwendungs- und benutzerangemessene Informationszugriffe auf andere Systeme zuläßt.

5.2.2 Tiefenstudie - technische Dokumente in der Fertigung

- Durchgängigkeit technischer Dokumente in Bezug auf Verweise und Bezüge

Die Durchgängigkeit aller technischen Dokumente rund um das Produkt bzw. um die Dienstleistungen am Produkt muß gewährleistet sein. Problematisch sind Modifikationen von technischen Dokumenten, die mit anderen technischen Dokumenten im Zusammenhang stehen. So beispielsweise das Ändern eines Arbeitsplans, der mit arbeitsgangspezifischen Prüfplänen korrespondiert.

- Firmenspezifische Ausprägungen in Form und Inhalt

In den Unternehmen wurden die firmenspezifischen Dienstleistungen um das Produkt sowie die technischen Dokumente den Notwendigkeiten des Unternehmens angepaßt. Diese Ausprägungen der technischen Dokumente sollten (soweit dies notwendig ist) in Form und Inhalt, erhalten bleiben oder abbildbar sein. Sind beispielsweise aufgrund eines hohen Variantenreichtums ein Gros der fertigungsrelevanten Informationen nicht in Arbeitsplänen, sondern in den kundenspezifischen Stücklisten verzeichnet, so ist dies - vom Verwaltungsaufwand der technischen Dokumente her - sinnvoll und sollte beibehalten werden.

- Das Vorhandensein aller technischen Dokumente

Den vorkommenden Funktionsbereichen des Unternehmens entsprechend, muß es möglich sein, die technischen Dokumente auf das für die Herstellung notwendige Maß zu reduzieren. Gleichzeitig muß ein informationstechnisches Konzept die nachträgliche Erweiterung der technischen Dokumente (z.B. um Prüfpläne) ermöglichen.

5.3 Die Kommunikation in verteilten Systemen

Die Kommunikation beschreibt (wie eingangs definiert) den Nachrichtenaustausch zwischen Softwarekomponenten. Die beiden grundlegenden Konzepte der Kommunikation werden hier zunächst grob unterschieden. Des weiteren wird in das Synchronisationsverhalten der Kommunikation eingeführt. Außerdem werden die maßgeblichen Kommunikationsmechanismen nach ihren Eigenschaften strukturiert und verglichen.

Die Abhängigkeitsverhältnisse der Kommunikation zwischen Applikationen und deren Programmen wird auch über das Modell Auftraggeber/Auftragnehmer beschrieben. Die beiden wichtigsten Konzepte sind das *Client/Server-* und das *Peer-to-Peer-Modell.* Das Client/Server-Architekturmodell ist - vor allem aufgrund seiner Einfachheit in der Programmierpraxis - wesentlich bedeutender. In diesem Modell besteht eine Interaktion aus genau einer Anfrage und einer Antwort. Dabei sind die Rollen einer Softwarekomponente fest definiert, und zwar entweder als Auftraggeber (Client) oder aber als Auftragnehmer (Server). Die *Client/Server* Interaktionen sind hierbei voneinander unabhängig. Im Peer-to-Peer-Modell dagegen können beide Parteien gleichberechtigt (engl.: peer) die initiative Rolle einnehmen, und es sind längere und komplexere Interaktionen möglich. In der Folge müssen beide Seiten Einzelheiten über den Zustand des anderen kennen und austauschen.

Im folgenden werden die Kommunikationsmechanismen Remote Procedure Call (RPC), Conversation und Messaging, die auf den Kommunikationskonzepten aufsetzen, auf Verwendbarkeit untersucht.

5.3.1 Remote Procedure Call (RPC)

Nahezu alle Ansätze für die Entwicklung verteilter Client/Server-Systeme basieren auf einer Aufgabenaufteilung auf verschiedene Module. Bei der Behandlung von RPC werden sie auch Funktionen oder Prozeduren genannt. Der Programmierer hat dabei zu entscheiden, welche Prozeduren lokal, und welche auf einem entfernten System aufgerufen werden. Der Sinn eines RPC ist es, einen entfernten Prozeduraufruf ebenso einfach wie einen lokalen zu gestalten. Für den Anwender bleibt dabei verborgen, ob eine Funktion lokal oder auf einem anderen System ausgeführt wird /Sri95a/.

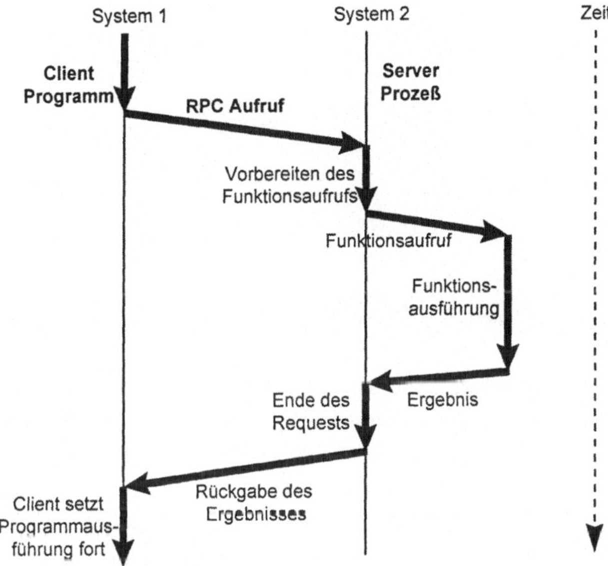

Abb. 5.1: Funktionsweise des RPC

In Abb. 5.1 ruft der Client eine Funktion auf, die einen Request an den Server sendet, und den Client dadurch für weitere Programmabläufe blockiert. Nach dem Empfang des Requests durch den Server, führt dieser den Funktionsaufruf durch, und sendet danach das Ergebnis der Funktion an den Client.

Der RPC stellt ein logisches Client/Server Kommunikationssystem zur Verfügung, das unabhängig von der vorliegenden Transportschicht ist. Obwohl in der Regel TCP/IP benutzt wird, sind auch andere Protokolle verwendbar. Die Umsetzung eines Prozeduraufrufs in einen Nachrichtenaustausch wird von sogenannten Stubs geleistet. Dies ist schematisch in Abb. 5.2 dargestellt. Da ein Stub den Prozeduraufruf lokal annimmt bzw. weitergibt, muß er die Schnittstelle der betroffenen Prozedur beim Auftragnehmer kennen. Dazu gehören primär: der Name der Prozedur, deren Parameter sowie die dafür benötigten Datentypen. Bevor ein RPC durchgeführt werden kann, müssen im Vorfeld die Schnittstellen deklariert sein, um daraus die Stubs zu generieren.

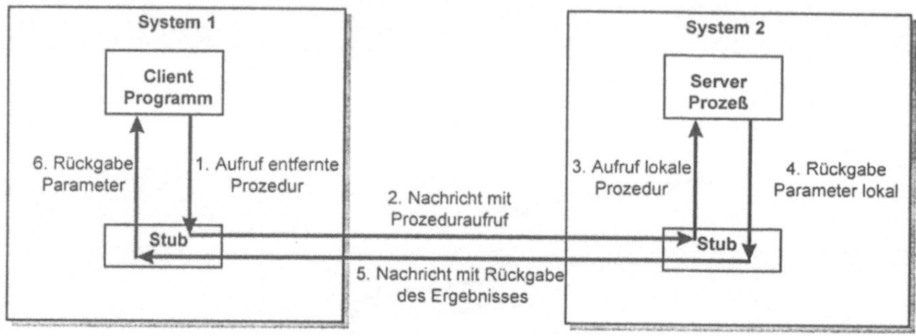

Abb. 5.2: RPC unter Einbezug von Stubs

Auf der Ebene der RPC-Bibliothek sorgen Funktionen für die Konvertierung der Argumente in eine definierte Darstellungsform sowie für die Übertragung der Daten an den Server. Diese Darstellungsform ist architekturunabhängig und wird als External Data Representation (XDR) bezeichnet /Sri95a/ /Sri95b/. Beim Empfänger wird dann die Konvertierung in die lokale Darstellungsform durchgeführt; gewünschte Funktionen können aufgerufen werden. In der gleichen Form wie die Anfrage wird das Ergebnis zum Client zurückgeliefert. Die Erstellung von RPC-Funktionen wird in der Regel durch Entwicklungswerkzeuge wie Compiler und Generatoren unterstützt. Eingesetzt wird ein RPC-System bei dem - von der Open Software Foundation (OSF) propagierten - Distributed Computing Environment (DCE). Es bildet aber auch die Grundlage für einen Object Request Broker (ORB).

5.3.2 Conversation

In einer Conversation tauschen die Applikationen - in einer Sequenz von gegenseitigen send und receive Befehlen - Daten aus. Die Kommunikation ist synchron, weshalb die Applikationen sich gegenseitig blockieren. Von IBM wurde innerhalb der System Application Architecture (SAA) die Kommunikationsschnittstelle CPI-C festgelegt, die dann auch vom Standardisierungsgremium X/Open übernommen wurde. CPI-C ist ein netzwerknaher Mechanismus, weshalb er auch als Grundlage für die Implementierung eines RFC (z.B. SAP RFC der SAP in Walldorf) dienen kann. Eine Conversation entspricht einem synchronen Dialog zwischen zwei Programmen - nach dem Client/Server- oder dem Peer-to-Peer-Modell.

5.3.3 Messaging

Kommunikationsdienste, die ein Messaging Modell implementieren, ermöglichen sowohl den synchronen, als auch den asynchronen Austausch von Nachrichten zwischen heterogenen Systemen und Applikationen. Festgelegt sein müssen dazu Sender und Empfänger - evtl. über ein Verzeichnis - , um logisch adressieren zu können. Der Sender benötigt hierbei Angaben über den Datentyp. Weiter müssen Sender und Empfänger über die Datenstruktur einig sein. Das Messaging eignet sich für die Umsetzung von Interaktionen sowohl nach dem Client/Server-, als auch nachdem aufwendigeren Peer-to-Peer-Modell /Ös96/.

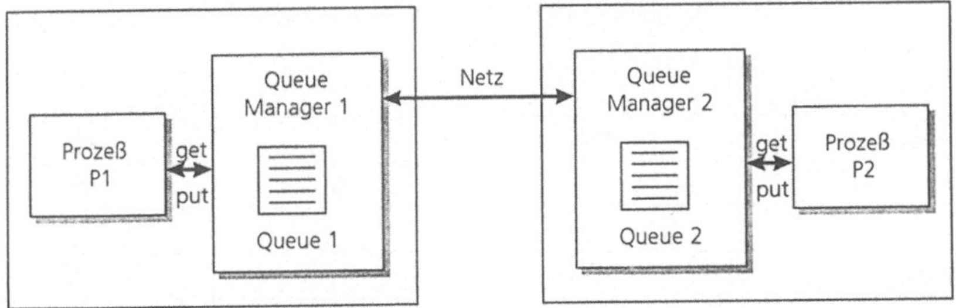

Abb. 5.3: Ablauf eines Messaging zwischen zwei Prozessen

In Abbildung 5.3 setzt Prozeß P1 eine Nachricht in eine Warteschlange (Queue 1), die auf der Platte zwischengespeichert wird. Ein Queue-Manager übernimmt den Transport und das Routing der Nachricht über ein Netzwerk in die Zielwarteschlange (Queue 2) von Prozeß P2, wo die Nachricht zu einem späteren Zeitpunkt gelesen werden kann. Die lokale Speicherung der Nachricht von P1 gewährleistet Schutz vor Datenverlusten bei einem Übertragungsfehler.

5.3.1 Synchronisation

Eine Grundlage für verteilte Betriebssysteme ist die Möglichkeit zur Kommunikation über Prozeßgrenzen hinweg /Tan95/. In einem verteilten System steht den Prozessen auf verschiedenen Rechnern kein gemeinsamer Speicherraum zur Verfügung. Die Kommunikation erfolgt daher anhand von Nachrichten über einen Kommunikationskanal. Um die einzelnen Aktivitäten der miteinander kooperierenden Prozesse in eine Reihenfolge zu bringen, ist Koordination erforderlich. Der elementare Koordinationsmechanismus ist die Synchronisation, wobei hier zwischen synchroner und asynchroner Kommunikation unterschieden wird. Beim synchronen Datenaustausch ist der Sender solange blockiert, bis der Empfänger die Nachricht entgegengenommen hat. Bei asynchronem Datenaustausch setzt der Sender seine Verarbeitung nach dem Absenden fort. Der Empfänger braucht zum Sendezeitpunkt nicht verfügbar sein und kann die Nachricht später bearbeiten.

Die eingesetzten Dienste werden nach einer Einteilung von IBM unterschieden, und zwar nach Remote Procedure Call (RPC), Conversation oder Message Queuing /IBM94/. RPC und Conversation haben eine synchrone Charakteristik, während das Message Queuing ein typisch asynchrones Verfahren darstellt. Abb. 5.4 gibt eine Übersicht über die untersuchten Kommunikationsmechanismen und ihre Eigenschaften.

	Remote Procedure Call (RPC)	Conversation	Messaging
Modell			
Client/Server	●		●
Peer-to-Peer		●	●
Prinzip			
synchron	●	●	●
asynchron		●	●
Schnittstelle			
Name	●	●	●
Parameter	●	●	●
Datentypen	●	●	●

● erfüllt die Eigenschaft

Abb. 5.4: Eigenschaften von Kommunikationsmechanismen

Das Messaging verlangt vom Programmierer eine gute Kenntnis der verteilten Systeme - zur Lokalisierung aller beteiligten Systeme - wie auch von dessen Funktionen sowie der benötigten Daten (Semantik und Syntax der Nachrichten). Die Einbindung in ein Transaktionskonzept (Queue als Resource) ist im Hinblick auf Datensicherheit möglich. Die sichere Datenübertragung hoher Datenmengen ist somit eine der Stärken dieser Systeme. Allerdings gibt es noch keinen Standard, so daß eine Interoperabilität zwischen verschiedenen Messaging-Produkten zur Zeit noch nicht gegeben ist.

Für den Anwendungsentwickler steht bei der Implementierung einer Kommunikation die Schnittstelle (API) im Vordergrund. Middlewaredienste sollen dabei die Schnittstelle so einfach wie möglich machen - z.B. kümmert sich der Programmierer nicht mehr um die Adressierung oder um Eigenheiten des Netzwerkprotokolls. Hierfür bietet der RPC ist eine einfache, stabile und mit dem Client/Server-Modell kompatible Abstraktion der Kommunikation in verteilten Programmsystemen.

5.4 Architekturen für verteilte Systeme

Architektur bedeutet - im Sinne einer Systemarchitektur - die Abbildung unterschiedlicher Teilkomponenten, die logisch zusammenhängen. Die Basisarchitektur in den 70er und 80er Jahren bestand aus Mainframes, Terminals und Cobol-Anwendungen mit Filesystemen zur Datenhaltung. Bis heute existieren Anwendungen, die gültige Geschäftsprozesse effizient abbilden.

In den 80er Jahren entwickelte sich der Trend in Richtung dezentraler Verarbeitung. Nur die von den Middleware-Systemen abgebildete Softwarearchitektur war die gleiche wie die des Mainframe (One-Tier): Anwendungen, Transaction Processing Monitor und Datenbank wurden abgebildet, wobei ein Zentralrechner eine Reihe von Terminals oder PC's bediente.

Client/Server ist eine verteilte Verarbeitung, die bei einer reinen Two-Tier Architecture beginnt, und über die Two-Tier Architecture mit Stored Procedures, zur klassischen Three-Tier Architecture entwickelt wird, bei der Applikation, Applikationsserver und Datenbankserver logisch getrennte Einheiten sind.

	1-Tier	2-Tier	2-Tier / SP	3-Tier
Skalierbarkeit	○	◐	◐	●
Performanz	○	○	◐	●
Belastung				
Datenbank	●	◐	◐	◐
Client	○	●	●	◐
Netzwerk	◐	●	●	◐
Software				
Änderbarkeit	○	◐	◐	●
Wartbarkeit	○	○	◐	◐

● voll erfüllt   ◐ teilweise erfüllt   ○ nicht erfüllt

Abb. 5.5: Eigenschaften klassischer Architekturen verteilter Systeme

Eine ausführliche Beschreibung der in Abb. 5.5 zusammengefaßten Architekturen verteilter Systeme befindet sich im Anhang D. Wie die Abb. 5.5 aufzeigt, ist die 3-Tier Architecture den anderen Architekturen überlegen, und zwar in den Punkten: Belastungsverteilung, Software, Skalierbarkeit und Performanz.

Die Hauptproblematik der 3-Tier Architecture liegt jedoch in der Kommunikation zwischen den drei beteiligten Softwareschichten:

- GUI / Presentation Logic
- Business Logic
- Data Logic

Die Kommunikation zwischen diesen Schichten kann auf zwei Arten realisiert werden: mit der C/S Kommunikation auf Basis synchroner RPC-Aufrufe oder mit der objektorientierten Kommunikation. Bei der C/S Kommunikation ist im voraus bekannt, welcher Partner den gewünschten Service liefern wird, wodurch sich zwar die Netzbelastung in Grenzen hält, die Flexibilität jedoch stark leidet. Diese Art der Kommunikation stellt eine Point-to-Point-Verbindung dar. Bei der objektorientierten Kommunikation können Objekte über beliebige Hardwareplattformen hinweg miteinander kommunizieren. Die Unabhängigkeit der Hardwareplattformen ist eine Voraussetzung zur Realisierung abteilungs- und unternehmens-übergreifender Prozesse. Architekturen, die diese Art der objektorientierten Kommunikation verwenden, werden im folgenden weiter betrachtet.

5.4.1 Objektorientierte Architekturen und Standards

Die objektorientierte Kommunikation basiert auf einem Peer-to-Peer-Modell. Hierbei erfolgt die Kommunikation zwischen gleichberechtigten Partnern, weshalb für diese Architekturform auch der Begriff „Distributed Objects" verwendet wird. Eine Anwendung besteht aus einzelnen Objekten, die zum Ablaufzeitpunkt miteinander kommunizieren.

Die *Component-based Software* macht sich diese Prinzipien der gleichberechtigten Kommunikation zwischen Objekten zunutze. Hier wird ein Kompromiß zwischen (teurer) Individualsoftware und (unflexibler) Standardsoftware gesucht. Component-based Software besteht aus fertig programmierten „Rohlingen", die bereits zu 60 bis 80 Prozent den Benutzeranforderungen entsprechen; die restliche Funktionalität wird benutzerspezifisch angepaßt. Diese Architektur erfordert - unter Einsatz der Datenkapselung - eine strikte Aufteilung in Objekte.

Die Kommunikation zwischen den Objekten kann auf zwei Arten realisiert werden:

- synchron, basierend auf der RPC-Logik
- asynchron mit einem Messaging, evtl. basierend auf einem Object Request Broker (ORB)

Bei der asynchronen Form des Messaging sucht der ORB den geeigneten Lieferanten (ein Objekt) für einen gewünschten Service. Da - bei der Kommunikation über die LAN-Grenzen hinaus - die Verfügbarkeit der Netze sowie die erreichten Antwortzeiten nicht immer den Bedürfnissen einer synchronen Kommunikation entsprechen, kommen hier die Vorzüge dieses asynchronen Verfahrens zum Tragen.

Die Anwendung ist im Gegensatz zum synchronen Modus nicht blockiert. Einige Hersteller, Verbünde von Herstellern und Organisationen haben Konzepte entwickelt, die dieses Message-Queuing unterstützen. Die bekanntesten sind:

- OLE von Microsoft
- OpenDoc von IBM und Apple
- CORBA von der Object Management Group (OMG)

Produkte, die diese Konzepte realisiert haben, sind seit einigen Jahren auf dem Markt. Beispiele sind: der Entire-Broker von der Software AG oder ORBIX von IONA.

Konzepte einzelner Hersteller (Microsoft OLE und SAP ALE) stehen neben Standardisierungsbemühungen von Gremien (Open Software Foundation DCE und Object Management Group CORBA). Bei diesen Standardisierungsbemuhungen sollte auch das Internet mit seinen Standards nicht außer acht gelassen werden.

Die nachfolgende Tabelle (Abb. 5.6) gibt einen Überblick über die Eigenschaften der Kommunikation objektorientierter Architekturen. Die ausführliche Erläuterung der Architekturen ist im Anhang D aufgeführt.

	DCE	OLE/COM	CORBA	ALE/Web	Internet
Standard					
offen	○	○	●	◐	●
proprietär	●	●	○	◐	○
Kommunikation					
Client/Server	●	●	●	●	●
Peer-to-Peer	○	○	●	●	◐
Objektmodell	○	◐	●	◐	○
Unabhängigkeit					
Hardware / Betriebssystem	○	○	●	◐	●
Implementierung	○	○	●	◐	●

● voll erfüllt ◐ teilweise erfüllt ○ nicht erfüllt

Abb. 5.6: Eigenschaften objektorientierter Architekturen verteilter Systeme

Die objektorientierten Architekturansätze haben jeweils ihre Stärken und Schwächen. Aber eine Schwäche haben alle: sie berücksichtigen kaum die in den Unternehmen laufenden Applikationen, die etliche Personenjahre an Entwicklungs- und Anpassungsaufwand gekostet haben.

Das Distributed Computing Environment (DCE) dagegen erweist sich in heterogenen Umgebungen als zu komplex, außerdem ist DCE in einem immer stärker von PCs dominierten Markt zu einseitig auf die UNIX-Welt ausgerichtet. Problematisch ist auch, daß DCE auf einem RPC mit synchroner Kommunikation basiert. Gerade in verteilten Systemen ist eine solche Blockade der Partner nicht tragbar.

Im Unterschied zu den anderen Lösungen verwendet OLE/COM Schnittstellen, also lediglich das Verkapselungsprinzip der Objektorientierung. Auch Vererbung wird nicht unterstützt und somit ist lediglich die Bildung flacher Klassenhierarchien möglich. Riem und Vogler /Ös96/ bezeichnen OLE/COM als vergleichsweise komplexe Technologie im Vergleich zu CORBA.

CORBA ist ein Standard, der von mehreren namhaften Herstellern getragen wird, und von dem bereits die zweite Generation von Produkten auf dem Markt ist. Die großen Stärken des CORBA-Standards sind seine Plattform- und Implementierungsunabhängigkeit. Problematisch bleiben jedoch die synchronen Aufrufe, die Partner blockieren sowie die Notwendigkeit einer aktiven Verbindung bei weit entfernten Partnern.

SAP ALE/Web ist ein Ansatz, der die Daten und Funktionen des SAP R/3-Systems über semantisch gehaltvolle Schnittstellen (BAPIs) anspricht bzw. diese verwendet. Aus einem zustandslosen Internetprotokoll wird mittels des SAP Internet Transaction Servers (ITS) eine transaktionssichere Kommunikation zu den Business Objects durchgeführt. Die Einbindung weiterer Applikationen soll dabei sowohl mittels OLE/COM als auch über die Kompatibilität zu CORBA gewährleistet werden, was sicher ein hoher Anspruch ist.

Zusammenfassend kann eine Architektur gemäß dem CORBA-Standard als diejenige bezeichnet werden, welche die größten Integrationspotentiale bietet. Sie vertritt einen offenen Standard, unterstützt sowohl die C/S als auch die Peer-to-Peer Kommunikation und ist sowohl von der Hardware als auch von der Implementierung unabhängig.
Schwachpunkte sind allerdings bei den synchronen Aufrufen zu erkennen. Zum Vergleich werden im folgenden die Kommunikationsmechanismen auf Basis der Internetstandards betrachtet, die diese Schwächen nicht besitzen.

5.4.2 Internetstandards, CGI und Java

Beim Internet erfolgt die Integration auf der Präsentationsebene. Der Browser bietet als Web-Client alle Dienste für den Benutzer an und sendet die entsprechenden Anfragen an die dienstespezifischen Server wie http-Server, ftp-Server, smtp-Server. Zur Einbindung weiterer Dienste und Applikationen gibt es auf Seiten des Servers zwei Integrationsmöglichkeiten:

- Applets, die kleine Funktionen darstellen und innerhalb des HTML-Dokuments plaziert werden
- die Common Gateway Interface (CGI) Schnittstelle, über die ein Gatewayprogramm angesprochen wird.

- Internet und CGI

Bei der CGI-Schnittstelle wird über den Web-Server ein Gatewayprogramm angesprochen, das daraufhin Datenbankabfragen - als SQL-Statements - an die entsprechende Datenbank schickt, die Ergebnisse in Form einer HTML-Seite aufbereitet, und an den Web-Server weiterleitet. Hier liegt eine dreistufige Client/Server-Architektur vor - mit dem Web-Server als mittlere Ebene. Die C/S Interaktion ist schematisch in Abb. 5.7 dargestellt. Problematisch ist dabei das Fehlen einer Typüberprüfung, weshalb Fehleingaben des Benutzers nicht erkannt werden. Des weiteren gilt die CGI-Schnittstelle als ineffizient und langsam. Sicherheitsprobleme gibt es auch bei der fehlenden Transaktionssicherheit und der Möglichkeit, daß ein Gatewayprogramm prinzipiell von jedem (bei fehlerhafter Administration der Ports z.B. über Telnet) gestartet werden kann /Vog96/.

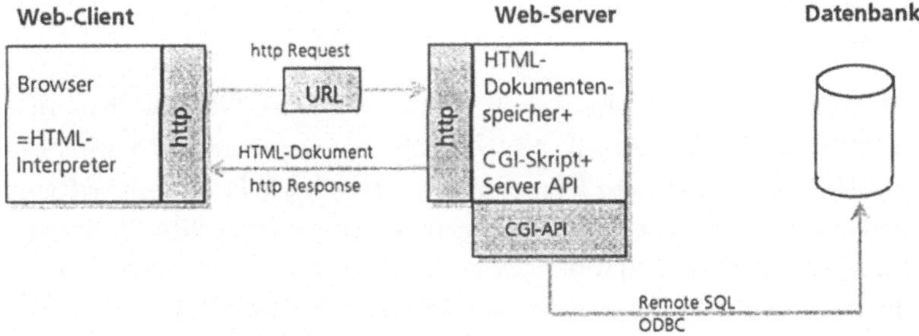

Abb. 5.7: Client/Server Interaktion im Internet

- Internet und Java

Applets sind kleine Funktionen, die - als Byte-Code übermittelt - auf jedem Rechner ablauf-
fähig sind. Diese Applets sind in Java (einer von SunSoft entwickelten objektorientierten
Programmiersprache) geschrieben. Ein geeigneter Browser (HotJava von SunSoft, Navigator
4.0 von Netscape, Internet Explorer 4.0 von Microsoft) muß die Ausführung der Applets
unterstützen. Die Ausführung geschieht in der sogenannten Virtual Machine, die durch den
Browser gestartet wird und den Byte-Code interpretiert. Somit können über die HTML-Seiten
Applets mitversandt werden, die Interaktionen und Funktionen zulassen /VaHo96/.

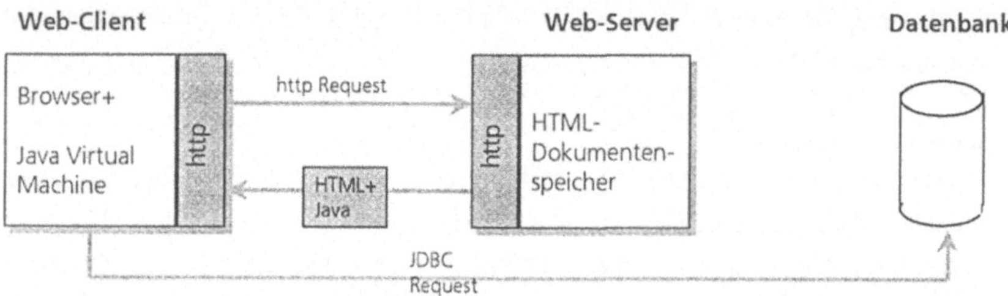

Abb. 5.8: Architektur von Applets und HTML

Der in Abb. 5.8 dargestellte Web-Client fordert über einen http-Request eine HTML-Seite
vom Web-Server an. Die gesamte Applikation wird - in Form eines Java-Applets - bei der
Ausführung über das Netz auf den Web-Client geladen und dort ausgeführt (interpretiert).
Der Zugriff auf eine Datenbank erfolgt via JDBC (Java Database Connectivity) direkt aus der
Virtual Machine innerhalb des Browsers /Sun96/.

5.4.3 CORBA und Java

Die Verbindung zwischen CORBA-basierten Anwendungen und dem WWW wird mit Hilfe
eines Java-ORBs realisiert. So stellt z.B. JOE (Java Objects Everywhere) von SunSoft eine
Erweiterung der Programmiersprache Java dar und ist somit für alle Plattformen verfügbar,
die Java unterstützen. Joe enthält einen Object Request Broker, der der CORBA-Spezifikation
der OMG entspricht. Der JOE-ORB wird automatisch mit dem Java-Applet vom Web-Server
geladen. Er stellt die Verbindung zwischen dem lokalen Java-Objekt und den entfernten
CORBA-Objekten her.

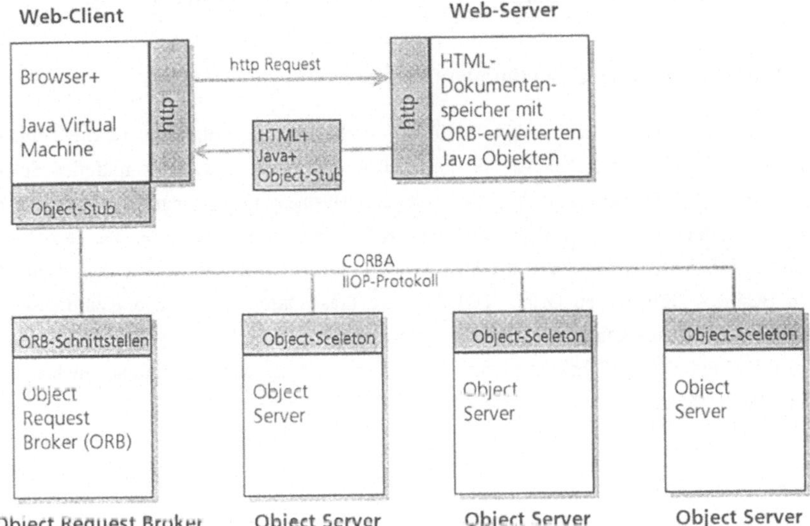

Abb. 5.9: Architektur von Java und CORBA

In Abb. 5.9 ist die Kommunikation über einen Web-Client - via Java - mit einem CORBA-konformen ORB dargestellt. Der ORB wird dabei mit dem Java-Applet geladen, und stellt die Kommunikationsverbindung zu den Object-Servern her.

Das Internet hat bislang noch keine effiziente und sichere Anbindung von Applikationen und Daten aufzeigen können. Die CGI-Schnittstelle belastet den Web-Server und ist außerdem eine sehr unflexible Verbindung. Der direkte Datenbankzugriff über Java-Applets via JDBC benötigt jedesmal einen neuen Verbindungsaufbau. Beide Schnittstellen unterstützen des weiteren keine Transaktionskonzepte und sind deshalb aus Gründen der Datensicherheit in Frage zu stellen. Die Integration von Java und CORBA über einen Java-ORB setzt auch noch voraus, daß Applikationen auf einen lokalen Rechner geladen werden. Gerade im Zuge der jüngsten Diskussion über die Sicherheit von Java-Applets ist hier sicher Vorsicht geboten. Weiterhin bleibt zu prüfen, ob es Sinn macht, daß die Verbindung zu CORBA-Objekten (evtl. weltweit) gehalten werden muß, wie es die gängigen CORBA-ORBs vorsehen.

Hier muß ein neuer konzeptioneller Ansatz entwickelt werden, der die Integrationspotentiale einer CORBA-konformen Architektur mit der Offenheit der Kommunikationsstandards des Internet vereint.

5.5 Das Integrationskonzept auf Basis von Business Objects

5.5.1 Schichtentrennung und Business Objects

Der Ausgangspunkt für das in Abb. 5.10 dargestellte Integrationskonzept ist die Trennung von Dialogschicht, logischer Applikationsschicht der Business Objects und der Schicht bestehender DV-Systeme und Applikationen. Die Business Objects sind sowohl Teile der offenen Architektur als auch Repräsentanten der bestehenden DV-Systeme. Business Objects sind somit Schnittstellenobjekte, die Methoden und Daten repräsentieren - in Abgrenzung zu den Business Objects von Orfali /OMG95/, die Präsentation, Logik und Kommunikation enthalten. Die Dialogobjekte entsprechen anwendungsspezifischen Objekten (z.B. Arbeits-plan). Sie sind nicht gleichzusetzen mit Oberflächenelementen wie Pushbuttons, die hier nicht betrachtet werden.

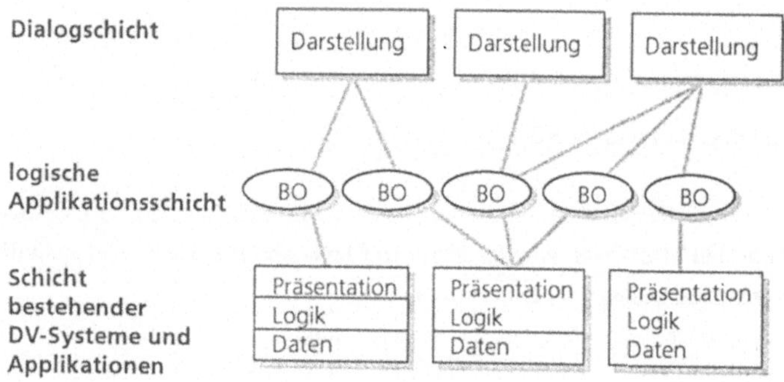

Abb. 5.10: Schichten des Integrationskonzeptes

- Stabilität des Modells und Integrationsfähigkeit für DV-Systeme
Mit dem konzeptionellen Ansatz soll sowohl die Flexibilität eines DV-Systems zur neuen oder geänderten Funktionsunterstützung als auch die Stabilität des Modells zur Integration von DV-Systemen unterstützt werden. Die Flexibilität wird durch die Trennung von Dialogobjekt und Business Object erreicht. Die Stabilität eines Systems wird durch die Art der Modellierung erreicht /CoYo91/.

Die Änderungsanfälligkeit für unterschiedlich realisierte Komponenten ist in Abb. 5.11 dargestellt.

Komponenten	Änderungsanfälligkeit
Schnittstellen zwischen Systemkomponenten	extrem änderungsanfällig
Funktionen	anfällig für Änderungen
Abfolgen von Funktionen (Prozesse)	anfällig für Änderungen
gespeicherte Daten	weniger anfällig für Änderungen
Objekte der Problemdomäne	am wenigsten änderungsanfällig

Abb. 5.11: Änderungsanfälligkeit der Komponenten nach /CoYo91/

Die Veränderungsfähigkeit von DV-Systemen soll mit diesem Konzept unterstützt werden, so daß Systemkomponenten (bestehende Applikationen) einfach ersetzt und neue einfach integriert werden können. Des weiteren muß der organisatorische Wandel, der sich in den Prozessen und den Funktionsträgern niederschlägt, unterstützt werden. So wäre beispielsweise die Einbeziehung der Zusatzfunktion „Erstellen eines Prüfplans" eine Anforderung an den Funktionsträger der Arbeitsvorbereitung, der bislang lediglich die Aufgaben „Erstellen des Arbeitsplans" und „Erstellen des NC-Programms" inne hatte.

- Schnittstellen versus Architektur verteilter Objekte
Die in den Unternehmen eingesetzten Hard- und Softwarearchitekturen orientieren sich häufig am CIM-Ebenenkonzept, das die funktionale Gliederung nach Anwendungsbereichen propagiert. Der Informationsaustausch über Ebenen (der Aufbauorganisation) oder gar über Funktionsbereiche hinweg wird erschwert, wenn nicht gar verhindert. Diesem Dilemma wurde mit der Festlegung von CIM-Schnittstellen entgegengetreten, was zur Folge hat, daß jeweils diese grob spezifizierten Schnittstellen zwischen zwei DV-Systemen nun fein spezifiziert und systemspezifisch realisiert wurden. Softwarearchitekturen sind für die DV-Systeme festgelegt und haben zum Ziel die Änderbarkeit und Wartbarkeit der Systeme zu erleichtern, um Zusatzfunktionen und Firmenspezifka leicht „einbauen" zu können.
Zur Beschreibung der Architektur verteilter Objekte werden die Business Objects als Teile eines Gesamtsystems beschrieben, das diese Objekte verwaltet, und die Interaktion mit und zwischen den Business Objects ermöglicht. Diese Architektur kennt keine Gliederung nach CIM-Ebenen oder Hardwarekonzepten, und ist somit offen für die Konzeption und Abbildung firmenspezifischer Anforderungen. Sie ist einem Unternehmensdatenmodell auf hohem Abstraktionsniveau vergleichbar, das auf Grund seiner Komplexität - bei der Beschreibung als Entity-Relationship-Model - meist nicht vorhanden ist. Die Einbeziehung redundanter Daten kann in dieser offenen Architektur durch entsprechende Mechanismen ermöglicht werden.

- Flexibilität und Kommunikationsfähigkeit für den Benutzer

Die Trennung von Dialogschicht und logischer Applikationsschicht ermöglicht die Verwendung unterschiedlicher Softwaretechnologien für die Kommunikation in den Schichten. Für die Dialogschicht können Softwaretechnologien wie die Standards des Internet verwandt werden. Es ist möglich, Kunden, Lieferanten oder weitere Betriebsstätten einfach und - aus Sicht der Kommunikationskosten - kostengünstig einzubinden. Selbst stufenweise Einführungskonzepte werden damit möglich. So wird z.B. im Bereich des Service (1. Stufe: rein intern, 2. Stufe: Anbinden externer Serviceniederlassungen, 3. Stufe: Anbinden beliebiger externer Stellen) die durchgängige Kommunikation über alle Stufen möglich.

Die Präsentation wird aus Sicht der Benutzer- und Aufgabenangemessenheit mit Hilfe von Browsern realisiert. Damit sind sämtliche Medien (Text, Bild, Bildsequenz, Audio) plattformunabhängig darstellbar.

Diese Trennung der Schichten ermöglicht auch die geforderte Flexibilität. Dialoge können beispielsweise nach prozeßorientierten Anforderungen gestaltet werden, ohne die logische Applikationsschicht zu verändern. Des weiteren können Oberflächen und Dialogabläufe von Altapplikationen neu gestaltet werden. Auch Riehm und Vogler messen dem Browser als eigentlicher Präsentationsschnittstelle zukünftig hohe Bedeutung bei /Ös96/.

- Der Integrationsmechanismus der Business Objects

Die Hauptbestandteile des Konzepts sind Objekte (sogenannte Business Objects (BOs)), mit denen bestehende (gekapselte) DV-Systeme angesprochen werden. Diese Objekte entsprechen somit gehaltvollen Schnittstellen, die über Methoden und Services vom Entwickler beschrieben werden. Die Architektur bildet den Gesamtzusammenhang von Objekten, allgemeinen und objekteigenen Services sowie den Schnittstellen zu DV-Systemen und Dialogobjekten.

Die bestehenden Applikationen (Altapplikationen) werden somit nur noch indirekt (für den Anwender verborgen) angesprochen. Bei sehr komplexen Applikationen, die besondere Anforderungen an Hardware und Betriebssystem stellen, kann eine zweite funktionsspezifische Sichtweise auf Daten und Applikationen sinnvoll sein. So sollte eine Zeichnungsverwaltung innerhalb eines CAD-Systems sowohl für den Konstrukteur als auch für den Werker eine spezifische Anwender- und Nutzersicht ermöglichen.

Auf diese Weise werden bestehende Applikationen in eine neue, offene Unternehmens-architektur integriert, und können ganz nach Notwendigkeit weiterbetrieben oder ersetzt werden. Es kann somit ein Migrationspfad aufgezeigt werden, der zuerst die vorhandenen DV-Systeme und Applikationen in die neue Architektur einbindet, und dann den Funktions-bereichen und ihren DV-Verantwortlichen die Möglichkeit gibt, neue Applikationen zu ergänzen sowie Altapplikationen zu ersetzen. Dies geschieht ohne Änderung der Gesamt-architektur. Diese neue Art der Informationstransparenz, die dem Benutzer Informationen in der notwendigen Zusammensetzung liefert, ist ein Schritt in Richtung des informations-transparenten Unternehmens.

Die Erfüllbarkeit der Anforderungen aus dem Bereich der technischen Informationen können mit dem konzeptionellen Ansatz noch nicht abschließend bewertet werden. So muß die Durchgängigkeit der technischen Informationen über das Modell der Business Objects realisiert und getestet werden. Die firmenspezifischen Ausprägungen hingegen werden vom konzeptionellen Ansatz voll unterstützt, da hier auf einer logischen Metaebene (oberhalb der Attribute und Einzelfunktionen) modelliert wird.

Zur Realisierung des neuen Integrationskonzeptes werden nun die Softwaretechnologien der Kommunikation auf Anwendbarkeit für eine Architektur verteilter Objekte hin betrachtet.

5.5.2 Softwaretechnologien zur Realisierung der Architektur verteilter Objekte

Die Hauptrealisierungskomponenten für die logische Applikationsschicht sind die Business Objects, CORBA sowie Internetstandards und -dienste. Die Modellierung erfolgt objekt-orientiert in Form von sogenannten Business Objects, die reale Objekte und Inhalte der Unternehmen abbilden. Als Enabler für die Middleware werden CORBA 2.0 konforme Produkte verwendet. Die Anbindung der Benutzungsschnittstellen erfolgt mit den Internet-standards und -diensten sowie dem Browser als Endgerät.

Die Zielsetzung ist eine Architektur verteilter Objekte, die es zuläßt, Altsysteme mit zu integrieren, und nicht die Erstellung einer komplett neuen objektorientierten Applikation oder eines neuen Systems. Die Schicht *Applikationen und Daten* enthält sowohl neu implemen-tierte Business Objects als auch (gekapselte) Altsysteme, die jedoch ausschließlich über Methoden der Business Objects angesprochen werden können.
Wie in Abb. 5.12 dargestellt, werden durch die Middleware Services zur Kommunikation zwischen Business Objects und Präsentationsschicht wie auch zwischen den Business Objects selbst bereitgestellt. Für diese Aufgabe ist ein ORB prädestiniert, da er - unabhängig von der Plattform und der Implementierung - die Kommunikation mit Objekten durchführen kann.

Schicht	Enabler	Dienste	Protokoll
Präsentation	Browser	http/ftp/smtp	TCP/IP
Middleware	ORB	Common Object Services Common Facilities	TCP/IP IIOP
Applikationen und Daten	Business Objects	BO-Methoden	

Abb. 5.12: Softwaretechnologien zur Realisierung der Architektur

Als Enabler für Benutzungsschnittstellen werden die Internetstandards und -dienste verwendet. Datenbankzugriffe via CGI oder JDBC sollten nur in Ausnahmefällen realisiert werden, denn diese Mechanismen umgehen die saubere Trennung zwischen der Benutzungs- schnittstelle und der Applikationslogik der Business Objects. Der Browser ist - wegen seiner Plattformunabhängigkeit und der Möglichkeit alle Medien (Text, Bild, Bildsequenz, Audio) einzusetzen - als Endgerät sehr geeignet. Hier bieten sich auch neue Einsatzmöglichkeiten für die in Bälde käuflichen Netzcomputern (NC). Die NCs unterstützen den Browser als Endgerät ideal, und sind dazu noch deutlich preiswerter als herkömmliche PCs. Bei weit entfernten Teilsystemen ist der asynchronen Kommunikation des Internet der Vorzug gegenüber einer synchronen Kommunikation (z.B. über RPC) zu geben.

Enabler im Middlewarebereich sind Produkte, die CORBA 2.0 konform sind. Der Object Request Broker ist zuständig für die Kommunikation zwischen Client- und Serverobjekten der Business Objects. Er stellt die Common Object Services als Voraussetzung für die Hand- habung der Objekte zur Verfügung. Die Common Facilities sind für das Gesamtsystem not- wendige Services wie Information Management, System Management oder Task Management.

Mit dem CORBA 2.0 Standard ist für die Applikationsobjekte eine Beschreibungssprache, die sogenannte Interface Definition Language (IDL) standardisiert worden. Die Business Objects werden in der IDL beschrieben. Sie sind implementierungs- und plattformneutral festgelegt. Über die Schnittstellen (die Methoden der Business Objects) kann, sowohl vertikal von Seiten der Benutzungsschnittstelle als auch horizontal von anderen Applikationsobjekten auf diese Applikationsobjekte zugegriffen werden. Die Wahl der Implementierungssprache der Applikationsobjekte ist entsprechend der verfügbaren Compiler für den ORB - zur Erzeugung der IDL-Stubs - vorzunehmen.

5.6 Migrationsmöglichkeiten für DV-Systeme

Das Modell der Business Objects und die Realisierung einer offenen Architektur stellen den Integrations- und Migrationsansatz für bestehende Systeme in den Vordergrund. Die Möglichkeit zur Migration erzwingt eine hohe Abstraktion bei der Beschreibung der Business Objects und wird nur an den Stellen vertieft, an denen zusätzliche Informationsgehalte vom Benutzer benötigt werden, die das bisherige System nicht liefern kann.

Langfristige DV-Konzepte für Unternehmen müssen, wenn sie bestehende Systeme einschließen, Migrationspfade aufzeigen. Die Migration hat zwei Dimensionen: den Umfang und den Umsetzungszeitpunkt. Der Migrationsumfang beschreibt den minimal notwendigen Aufwand; beispielsweise ob das Gesamtsystem umzusetzen ist, oder ob es genügt, ein Grundsystem mit weiteren ausgesuchten System- Komponenten umzusetzen. Der Umsetzungszeitpunkt zeigt, ob das Gesamtsystem zu einem Zeitpunkt nach dem turn-off / turn-on Vorgehen ab- bzw. umgeschaltet wird, oder ob einzelne Komponenten Schritt für Schritt umgestellt werden können. Der hier zu realisierende Migrationsansatz soll dem schrittweisen Vorgehen genügen, um sowohl die vorhandenen Ressourcen (Programmierer, Analysten, Funktionsträger) nur partiell zu belasten als auch der Gefahr eines Gesamtsystemzusammenbruchs so weit wie möglich aus dem Weg zu gehen.

Die Schichten, die Logik und Daten enthalten (Objects; Zugriffsschicht Objects-System; System) werden als logische Einheiten über Business Objects angesprochen. Dies ermöglicht es, aus bestehenden Systemen eine offene Architektur aufzubauen, und die Business Objects nach und nach durch effizientere Implementierungen zu ersetzen, ohne den Gesamtintegrationscharakter zu verlieren.

5.6.1 Die Integration von Altsystemen speziell von Standardsoftware

Im ersten Schritt müssen die Altsysteme logisch - entsprechend des Modells der Business Objects - aufgeteilt werden. Über diesen Zwischenschritt ist es möglich, die entstehenden Objekte - mittels der Interface Definition Language - architektur- und implementierungsneutral zu beschreiben. Die eigentliche Anbindung an die Middleware (z.B. CORBA-ORB) über die IDL-Sceletons ist eine rein implementierungstechnische Fragestellung, die das verwendete CORBA-Produkt betreffen.

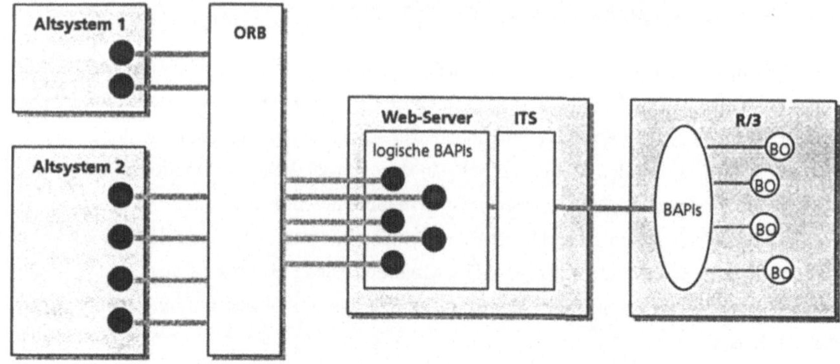

Abb. 5.13: Integration von Altsystemen mit SAP R/3 Rel.3.1

Eine Anbindung von SAP R/3 Release 3.1 sollte entsprechend der von SAP ALE/Web definierten SAP-Architektur vorgenommen werden. Schematisch ist dies in Abb. 5.13 dargestellt. In diesem Fall werden die von SAP spezifizierten Business APIs (BAPIs) mit den Business Objects der Altsysteme auf eine logische Ebene gestellt. Die Kommunikation zu den SAP-BAPIs wird über einen Web-Server und somit über die Internetstandards durchgeführt. Die Kommunikation zu den Business Objects der Altapplikationen wird über den ORB durchgeführt. Die Kommunikation zwischen ORB und Web-Server wird vom ORB übernommen, da nur er in der Lage ist, Business Objects und Objekte auf dem Web-Server (logische BAPIs) zu lokalisieren und mit diesen zu kommunizieren.

5.7 Die Benutzungsschnittstelle im Integrationskonzept

Unter einer Benutzungsschnittstelle versteht man nach Wandmacher /Wan93/ „diejenigen Komponenten und Aspekte eines Mensch-Computer-Systems, mit denen die Benutzer begrifflich oder über ihre Sinne und Motorik in Verbindung kommen". Somit gehören zur Benutzungsschnittstelle sowohl das Aufgabenwissen als auch das DV-technische Wissen des Anwenders. Der Begriff Benutzungsoberfläche beschreibt den für den Anwender erkennbaren und sichtbaren Teil eines DV-Systems. Unter Benutzungsoberfläche werden alle Einheiten, Techniken und Formen verstanden, mit denen der Anwender im DV-System kommuniziert /Wan93/.

Betriebliche Informationssysteme sind oft ein Kompromiß zwischen betrieblicher Notwendigkeit - im Hinblick auf Funktionen und Abläufe - und den Standards der DV-Hersteller.

Bullinger fordert, daß betriebliche Informationssysteme aufgabenangemessen und humanzentriert gestaltet werden müssen /BuFäTh92/. Sie sollen die Arbeitsstrukturen abbilden, und an die Arbeitsaufgabe angepaßte Arbeitsmittel zur Verfügung stellen.

Für Hersteller von Anwendungssoftware ist die softwareergonomische Gestaltung der Benutzungsoberflächen zu einem entscheidenden Wettbewerbsfaktor geworden /Bu90/. Bei vergleichbarem Funktionsumfang bildet die Gestaltung der Benutzungsoberfläche ein wichtiges Entscheidungskriterium für den Anwender, da sie ausschlaggebend für die effektive Durchführung der Anwendungsaufgaben ist.
Die Erfüllung der Anforderungen an die Benutzerfreundlichkeit wird weiter erschwert, wenn Benutzer mit unterschiedlichen DV-Systeme arbeiten müssen. Gerade die Anforderung der Benutzerfreundlichkeit muß bei einem integrativen Ansatz gestellt werden, der unterschiedliche Systeme mit den jeweiligen Benutzungsoberflächen zusammenfassen will.

5.7.1 Richtlinien und Standards

In der Softwareergonomie wird versucht, die Merkmale, die für die Benutzbarkeit einer Benutzungsoberfläche von Bedeutung sind, anhand von Standards und durch Gestaltungsrichtlinien festzulegen /Wan93/.

Designstandards legen allgemeine Anforderungen an die Gestaltung von Benutzungsoberflächen fest. In diesen Bereich fallen die Normierungs- und Standardisierungsbemühungen von nationalen Gremien wie DIN und VDI sowie von internationalen Institutionen wie ISO, CEN, CCITT und ECMA. Eine Übersicht über die vorhandenen Normen ist in Weisbecker /Wei95/ S.37-S.39 aufgeführt. Diese Normen sind - trotz angeführter Beispiele und Erläuterungen - so allgemein gehalten, daß sie keine Handlungsanleitung für Benutzungsoberflächen bieten, und nur schwer operationalisierbar sind. (Zeidler und Zellner /ZeiZe92/.

Designrichtlinien (Styleguides) werden von den verschiedenen Hard- und Softwareherstellern ausgegeben /FäGö93/. Firmen wie Apple, IBM, Siemens-Nixdorf oder auch herstellerunabhängige Zusammenschlüsse wie die OSF bemühen sich, ihre Benutzungsoberflächen zu standardisieren. Designstandards und Designrichtlinien enthalten Beschreibungen der Eigenschaften, die ein softwareergonomisch gestaltetes und somit benutzerfreundliches System aufweisen sollte. Laut Weisbecker /Wei95/ werden jedoch kaum konkrete Anweisungen gegeben, wie diese Eigenschaften - durch den Einsatz der zur Verfügung stehenden Gestaltungselemente - erreicht werden können. Es besteht somit die Notwendigkeit, diese Styleguides mittels eines firmenspezifischen Styleguides einzuschränken, und so ihre Anwendung zu erleichtern.

Die Festlegung des Formatstandards HTML - für Darstellung der Information und Interaktion des Benutzers mit dem System - schränkt den Gestaltungspielraum der zur Verfügung stehenden Elemente ein. Für die Ergonomie bedeutet dies Einbußen bei der Aufgabenangemessenheit der verwendeten Elemente, jedoch eine Erhöhung der Einfachheit und somit der einfachen Benutzbarkeit und leichteren Erlernbarkeit.

Ausgehend von den Designrichtlinien und Standards ist ein durchgängiger Firmenstyleguide zu erstellen, der den proprietären Dialogen der bestehenden DV-Systeme als integrativer Ansatz entgegenwirkt.

5.7.2 Softwareergonomie

In der Softwareergonomie liegt ein breites Spektrum von Konzepten und Methoden vor, um die Entwicklung aufgaben- und benutzergerechter Softwaresysteme zu unterstützen. Übersichten finden sich in Shneiderman /Sh87/, Balzert et al. /Ba88/ und Ziegler, Ilg /Zi93/.

Als Dialogtechnik für die Dialoggestaltung hat sich die *direkte Manipulation* (Shneiderman /Sh87/, Ziegler und Fähnrich /ZiFä88/) durchgesetzt. Diese ist gekennzeichnet durch die ständige Repräsentation der für den Benutzer relevanten Objekte, durch physische Interaktionen mit dem Zeigerinstrument sowie durch schnelle, inkrementelle und umkehrbare Operationen, deren Wirkung auf die relevanten Objekte sofort sichtbar ist. Bekannte Beispiele für direkt manipulative Benutzungsschnittstellen sind die Desktop-Systeme im Bürobereich. Empirisch konnten Vorteile direkt manipulativer Benutzungsschnittstellen gegenüber menüorientierten (z.B. von Rauterberg /Rau89/) gezeigt werden.

Die Übertragung des Prinzips der direkten Manipulation auf den Bereich der betrieblichen Informationssysteme führt zum Gestaltungsansatz der objektorientierten Benutzungsschnittstelle /Jan96/. Hierbei werden dem Benutzer zu Beginn eines Dialoges die - von der Aufgabenstellung her - im Zentrum des Interesses stehenden Objekte präsentiert. Es erfolgt dann eine Navigation im Objektraum entlang der Beziehungen zwischen den Objekten, wobei die für die Aufgabenerfüllung wichtigen Funktionen jeweils den Objekten zugeordnet sind.

Die Modellierung der Realität über die Business Objects kommt dem Ansatz der direkten Manipulation von Benutzungsschnittstellen sehr entgegen. Die Dialogobjekte können entsprechend der zu unterstützenden Aufgaben so angeordnet werden, daß die im Zentrum der Betrachtung stehenden Objekte jederzeit sichtbar und manipulierbar sind. Der Zugriff und die Manipulation geschieht entsprechend der von den Business Objects zur Verfügung gestellten Methoden und Services. Entsprechend der zu unterstützenden Aufgabe können auch die Informationen mehrerer Business Objects auf einer Bildschirmmaske (Dialogobjekt) dargestellt werden.

5.7.3 Dialogobjekte und Business Objects

Die Trennung zwischen Benutzungsoberfläche (Dialogobjekten) und den Business Objects ermöglicht eine aufgaben- und benutzerangemessene Gestaltung des User-Interface. Neue Sichten auf Daten und Objekte sind einfach zu realisieren, und die Entwicklung der Benutzungsschnittstellen kann partizipativ mit den Benutzern durchgeführt werden.

Der objektorientierte Ansatz der Modellierung und formalen Beschreibung von Benutzungsschnittstellen wie ihn Janssen /Jan96/ beschreibt, ist für das Modell der Business Objects sehr geeignet. Die Durchgängigkeit in der Objektorientierung, jedoch nicht zwingend mit denselben Objekten, erleichtert die Verknüpfung der Dialogobjekte mit den Business Objects. Anforderungen an die Verküpfungsfunktionen (ein Teil der Methoden der Dialogobjekte) werden bei den Dialogobjekten spezifiziert, und auf Seiten der Business Objects realisiert.

Der entwickelte Ansatz der Schichtentrennung erlaubt die informationstechnische Unterstützung unternehmensspezifischer Prozesse. Die Softwaretechnologien zur Kommunikation ermöglichen - zusammen mit einem allgemeingültigen Business Object Modell für die Fertigung - die Integration bestehender DV-Systeme sowie die Kommunikation mit diesen. Das Modell der Business Objects für die Fertigung wird im nächsten Kapitel erarbeitet, und ergänzt somit den vollständigen Integrationsansatz, der aus Modell, Konzept und Kommunikation besteht.

6 Modellierung einer Architektur verteilter Objekte

Der konzeptionelle Integrationsansatz stellt die Trennung der Schichten Dialog, logische Applikationsschicht sowie Schicht der bestehenden (zu integrierenden) Applikationen und Systeme in den Vordergrund. Die logische Applikationsschicht ist verantwortlich für die Integrationsfähigkeit, und wird nun in einer Architektur verteilter Objekte, den Business Objects modelliert. Dieses Modell muß die Fertigung mit den technischen Informationen abbilden. Es wird objektorientiert beschrieben, wobei die Objekte über gehaltvolle Schnittstellen (die Methoden der Business Objects) beschrieben werden. Ziel ist einerseits deren langlebige Abbildung – also des im Fertigungsunternehmen vorhandenen Informationsgehalts - sowie andererseits eine hohe Flexibilität für die Prozeßunterstützung durch die Modellierung der Benutzungsoberfläche.

6.1 Das Finden der Business Objects

Das Auffinden und Benennen der Business Objects ist der problematischste Teil bei der Modellierung der Architektur verteilter Objekte. Die Objekte sollen langlebig und dabei ein gutes Abbild der Realität sein. Die Methode der objektorientierten Analyse (OOA) nach Coad Yourdon /CoYo91/ bietet hier eine gute Vorgehensweise zum Finden der Objekte sowie zur Festlegung der Attribute und Services. Klassen, Strukturen und Subjekte werden nicht verwendet, da die Objekte als gekapselte Einheiten mit spezifizierten Schnittstellen, und nicht als Teil eines Ganzen oder eines konsistenten Objektmodells beschrieben sind. Die Einschränkung des Untersuchungsgebiets erfolgt durch die ausschließliche Betrachtung der Produktion und der hierfür notwendigen technischen Dokumente. Über die verwendeten technischen Dokumente ergibt sich bereits eine sehr gute Basis für ein Modell der Business Objects.

Die Objekte beschreiben sowohl das Anwendungsgebiet als auch die Systemaufgaben. Coad/Yourdon definieren Objekte als die Abstraktion eines Etwas innerhalb des betreffenden Anwendungsgebietes. Die Abstraktion beschreibt die Fähigkeit des Systems, Informationen über dieses Etwas zu speichern, und/oder mit dem Etwas zu kommunizieren. Des weiteren stehen Objekte für die Kapselung von Attributwerten und exklusiven Services.

Für die Suche von Objekten eignen sich nach /CoYo91/ die folgenden Dinge: Strukturen, andere Systeme, auch Dinge oder Ereignisse, die erinnert werden sollen, Bedienungsanleitungen, Vorschriften, räumliche Gegebenheiten und Organisationseinheiten.

- Strukturen

Die Untersuchung vorhandener Zusammenhänge ermöglicht es, in Ihnen enthaltene Objekte und Beziehungen zu finden. Coad/Yourdon unterscheidet Generalisierung-Spezialisierung (gen-spec) und Teil-von (whole-part) Beziehungen. Es werden hier jedoch - im Gegensatz zu Coad/Yourdon - lediglich die Objekte und deren Beziehungen, nicht aber die Art der Beziehungen aufgenommen.

- Andere Systeme

Mit welchen anderen Systemen oder welchem „externen Anschluß" wird das System zusammenarbeiten? Dies können DV-Systeme oder Benutzer mit Benutzungsschnittstellen sein.

- Dinge oder Ereignisse, die erinnert werden sollen

Gibt es Zeitpunkte oder Ereignisse, die das System kennen und aufzeichnen muß? Z.B. ist die Auftragsbestätigung ein Ereignis, welches das Erstellen des internen Fertigungsauftrags und damit des gewünschten Produkts auslöst.

- Rollen

Die Mitarbeiter als Funktionsträger bekleiden im Fertigungssystem Rollen. Diese Rollen entscheiden über die Anforderungen und die Verwendung des Systems. Der Werker, der den Arbeitsplan benutzt, hat andere z.B. Anforderungen an das Arbeitsplansystem als der Arbeitsplaner, der mit diesem System die Arbeitspläne erstellt und verwaltet.

- Arbeitsanleitungen

Sobald es Abweichungen von „normalen" Abläufen gibt, die über längere Zeit eingehalten werden müssen, werden diese in Form von Arbeitsanleitungen gespeichert. Dies können Sonderfälle oder besondere Konstellationen innerhalb des Unternehmens sein. Ein Beispiel wäre eine 100% Eingangskontrolle bei einem Lieferanten, da Zerspanungsprobleme mit dessen Halbzeugen aufgetreten sind.

- Organisationseinheiten

Die Organisationseinheiten beschreiben den Funktionsbereich sowie die Hierarchiestufe der betreffenden Personen (z.B.: der Leiter der Arbeitsvorbereitung oder der Werker in der Fertigungsinsel „Kolbenführung Weichbearbeitung").

Um ein Objekt in das Modell aufzunehmen, werden die folgenden Anforderungen an das Objekt und dessen Verhalten gestellt:

- Erforderliches Erinnerungsvermögen?
- Erforderliches Verhalten?
- Mehrere Attribute?
- Mehr als ein Objekt (in der Klasse)?
- Immer gültige Attribute?
- Immer gültige Services?
- Durch das Anwendungsgebiet vorgegebene Anforderungen?
- Nicht nur abgeleitete Ergebnisse?

- Erforderliches Erinnerungsvermögen:

Können die Objekte beschrieben werden, und sind die Informationen für das System interessant?

- Erforderliches Verhalten:

Wenn ein Objekt Erinnerungsvermögen hat, sind auch Services notwendig - zumindest um ein Objekt zu erzeugen, zu ändern, zu löschen oder um auf ein Objekt zugreifen zu können.

- Mehrere Attribute:

Zu feinkörnige Objekte sollen hier zu sinnvollen größeren und komplexeren Objekten zusammengefaßt werden.

Mehr als ein Objekt (in der Klasse):

Sollte sich nur ein Objekt mit den beschriebenen Eigenschaften finden, so ist über Whole/Part Strukturen zu überprüfen, ob nicht andere Objekte dieselben Attribute aufweisen.

- Immer gültige Attribute:

Sind bei ähnlichen Objekten (einer Klasse) immer alle Attribute gültig?

- Immer gültige Services:

Gibt es ein Verhalten aller Objekte einer Klasse? Die Services müssen auf alle Objekte einer Klasse zutreffen.

- Durch das Anwendungsgebiet vorgegebene Anforderungen:

Das Anwendungsgebiet muß - durch die Objekte - in der Art beschrieben werden, daß klar herauskommt, welche Informationen und welches Verhalten das System haben muß.

- Nicht nur abgeleitete Ergebnisse:

Abgeleitete Attribute wie berechnete Zwischenergebnisse sollten nicht bei der Modellierung verwendet werden, da sie bei Veränderungen der originären Attribute oft „vergessen" werden, und darüber hinaus keine zusätzliche Information im System speichern.

Die auf diese Weise gefundenen und hinterfragten Objekte werden nun formal beschrieben. Die Beschreibung enthält den eindeutigen Namen des Objektes und seine Beziehung zur Gesamtstruktur. Die Methoden und Services sind zu unterscheiden nach exklusiven Services und nach außen hin sichtbaren Services. Die exklusiven Services verwalten zugehörige Daten. Die nach außen hin sichtbaren Services werden von anderen Objekten benötigt, und sind grob zu beschreiben.

6.2 Das Modell der Business Objects in der Fertigungsindustrie

Die Übertragbarkeit der informationstechnischen Lösung hängt großteils von der Übertragbarkeit oder Anpaßbarkeit des Modells ab. Ein Modell versucht die Realität in einer schematisierten Form zu beschreiben. Hierbei versucht man Einfachheit und Verständlichkeit mit dem wahrheitsgetreuen Abbilden zu vereinen, was nicht immer gelingt. An dieses Modell der Business Objects wird der Anspruch der Langlebigkeit gestellt, ohne den eine offene Architektur über einen längeren Zeitraum nicht möglich ist.

Modelle in Form von Unternehmensdatenmodellen entsprechen eher dem Ansatz der wahrheitsgetreuen Abbildung als dem der Einfachheit und Verständlichkeit. Mit dem Modell der Business Objects werden die Unternehmensdaten aus einer höheren Abstraktionsebene (der Business Object Ebene) betrachtet. Aus dieser Sicht können Ungereimtheiten wie Datenredundanzen, die in Unternehmen alltäglich sind, toleriert werden.

Die Übertragbarkeit des Modells der Business Objects auf weitere Unternehmen ist durch die höhere Abstraktionsebene weitaus größer als bei einem Unternehmensdatenmodell. Aus diesem Grund sind nur die Hauptobjekte dargestellt, die bei der Mehrzahl der Unternehmen informationstechnisch realisiert werden können. Auch bei den Beziehungen der Objekte wurde großer Wert auf die Übersichtlichkeit und Einfachheit gelegt, und daher wurden nur die wichtigsten Verbindungen abgebildet.

Das Modell der Business Objects wurde hier erarbeitet und anhand der technischen Informationen der Unternehmen - die in einer Untersuchung (Kap. 3) erhobenen worden sind - überprüft.

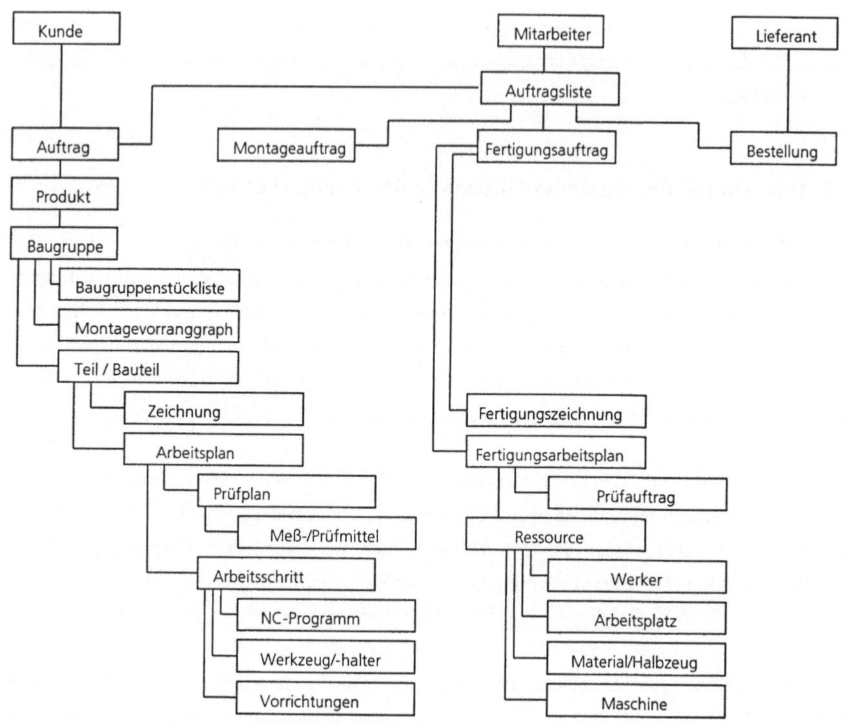

Abb. 6.1: Das Modell der Business Objects

Das Modell der Business Objects in Abb. 6.1 zeigt in einfacher Form die Zusammenhänge der Objekte auf, und legt die Begrifflichkeiten (Namen der Objekte) fest. Methoden oder gar Attribute werden hier nicht festgelegt, und sind auf dieser oberen Ebene für die Benutzer verborgen. Die Objekte sind lediglich in ihren Relationen beschrieben; auf Generalisierung/Spezialisierung, Aggregation oder Kardinalitäten wurde verzichtet. Die detailliertere Modellierung wird nur dann angewandt, wenn in diesem Bereich neu implementiert, oder eine Altapplikation in die neue Architektur überführt werden soll.

Durch die horizontale Anordnung der Objekte werden Generalisierungs-/Spezialisierungs Relationen ablesbar. Über die vertikale Anordnung dagegen werden Aggregationsbeziehungen sichtbar.

Die technischen Dokumente aus der Erhebung (Zeichnung, Stückliste, Auftrag, Arbeitsplan und Prüfplan) sind im Modell enthalten, und können so angeordnet für die Fertigungs- unternehmen auf dieser abstrakten Ebene beschrieben werden.

6.2.1 Logische Ebenen im Modell der Business Objects

Zur Verbesserung der Benutzungs- und Aufgabenangemessenheit wurde das Modell entsprechend der möglichen Generalisierungs-/Spezialisierungsrelationen wie in Abb. 6.2 dargestellt in vier Ebenen eingeteilt.

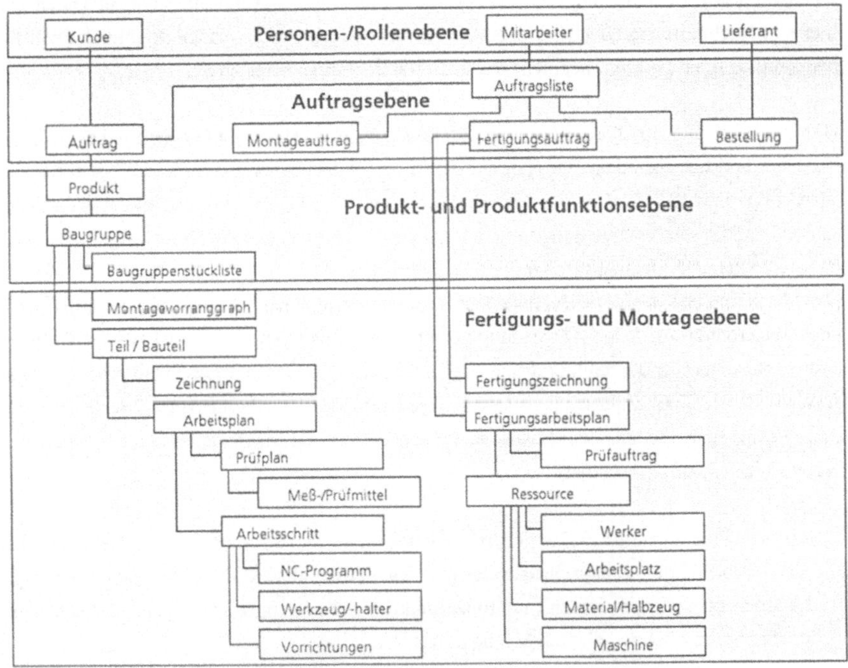

Abb. 6.2: Ebenen des Objektmodells der Business Objects

Die Personen-/Rollenebene bildet Personen entsprechend ihrer Verantwortlichkeit in der Aufbauorganisation bzw. zum Unternehmen (bei einem Außenverhältnis) ab. Hier können Funktionen dieser Rolleninhaber sowie deren Zugriff auf Systemfunktionen abgebildet werden. So kann der Lieferant durch das Prüfen der Auftragsliste beim Unternehmen (hier der eigentliche Besteller) die Bestellung selbst auslösen. Die Bestellung kann genauso einfach, durch den Mitarbeiter des Unternehmens klassisch ausgelöst werden. Die Implementierung von elektronischen Bestellvorgängen wurde bislang auf Basis der EDIFACT-Standards realisiert. Dies ist jedoch nichts weiter als die Umsetzung des klassischen Bestellbriefs in einen elektronischen Bestellbrief.

Die Auftragsebene repräsentiert sogenannte Auslöser für Geschäftsprozesse. Diese Aufträge sind (als Superklasse) in ihrer Ausprägung sowohl für Kunden und Lieferanten als auch für die Mitarbeiter im Unternehmen für die planenden und steuernden Tätigkeiten relevant. Implementierungen, die auf die Business Objekts zugreifen, sind sehr viel offener und flexibler als die o.g. EDIFACT-Implementierungen. So können die Methoden der implementierten Objekte sowohl innerhalb des Unternehmens als auch von Kunden und Lieferanten genutzt werden. Auf diese Weise ist eine sinnvolle Zusammenfassung von Einzelaufgaben zu vollständigen Tätigkeiten möglich. Z.B. prüft der Lieferant den Mindestbestand an Teilen und löst eine Nachfertigung (Bestellung) selbst aus bzw. terminiert die Nachfertigung sinnvoll für den Kunden (hier das Unternehmen) wie auch für seine eigene Fertigung.

Die Produkt- und Produktfunktionsebene bildet Produktstrukturen sowie Funktionen des Produkts und der einzelnen Baugruppen ab. In ihr sind Informationen für den Vertrieb, das Marketing und den Bereich Service/Inbetriebnahme abgebildet. Das Produkt wird anhand seiner Struktur und seiner Funktionalität sowie weiterer Attribute wie Design, Betriebsmöglichkeiten und nicht zuletzt dem Preis beschrieben.
Das Marketing und der Vertrieb haben somit für den Kunden die Möglichkeit geschaffen, sich über das Produkt und seine Anwendung zu informieren - aktiv über Zugriff auf die Objekte, oder passiv über die Darstellung dieser Eigenschaften durch einen Vertriebsmitarbeiter. Erste Ansätze hierzu sind Unternehmensdarstellungen im Web über Homepages. Bei Mercedes-Benz kann sogar interaktiv ein kundenspezifisches Fahrzeug im „virtellen Autosalon" durch den Kunden spezifiziert werden.

Aus Sicht eines technischen Service ist beispielsweise die Struktur des Produkts mit den Einzelfunktionen der Baugruppen relevant. Kundenspezifische Produktänderungen oder Änderungen an Serienprodukten (auf Einzelfunktion-, Baugruppen- oder Bauteilebene) sind dokumentiert, und können einfach gefunden werden.

Die Fertigungs- und Montageebene beinhaltet Informationen, die im Herstellungsprozeß häufig benötigt werden. Die indirekt produktiven Bereiche wie Konstruktion (Zeichnungserstellung) und Arbeitsvorbereitung (Arbeitsplanerstellung, Prüfplanerstellung, NC-Programmierung) können ihre Leistungserstellung ganzheitlich betrachten. So kann die Erstellung der technischen Unterlagen wie auch die Herstellung der Produkte (Fertigung und Montage) auf der Basis von Baugruppen erfolgen. Dies verkürzt die Durchlaufzeiten in der Herstellung und schafft Transparenz bei den Verantwortlichkeiten.

Zusammenfassend ist festzustellen, daß die objektorientierte Modellierung in Form von Business Objects den Unternehmen die Möglichkeit gibt, Informationstransparenz im Unternehmen zu schaffen. Geänderte Geschäftsprozesse und Funktionen sowie Funktionsunterstützungen können somit für unterschiedliche Nutzergruppen geeignet informationstechnisch unterstützt werden.

6.2.2 Beschreibung der Business Objects - Sichten

Die Architektur ist aus Gründen der Langlebigkeit (bzw. Wiederverwendbarkeit) objektorientiert aufgebaut, und wird aus zwei Sichten (Benutzungsschnittstelle und ORB) auf die Business Objects beschrieben. Die Langlebigkeit der objektorientierten Modellierung basiert auf der realitätsnahen Abbildung der im Unternehmen vorkommenden Objekte oder Geschäftsinhalte mit den Business Objects.

Aus Sicht der Benutzungsschnittstelle stellen sich die Business Objects als gehaltvolle Schnittstellenobjekte dar (Abb. 6.3), die eine Sammlung von Methoden enthalten. Die Identifizierung der Business Objects erfolgt über den Namen. Somit muß der Implementierer nicht den Aufenthaltsort (Servername) des Business Objects kennen.

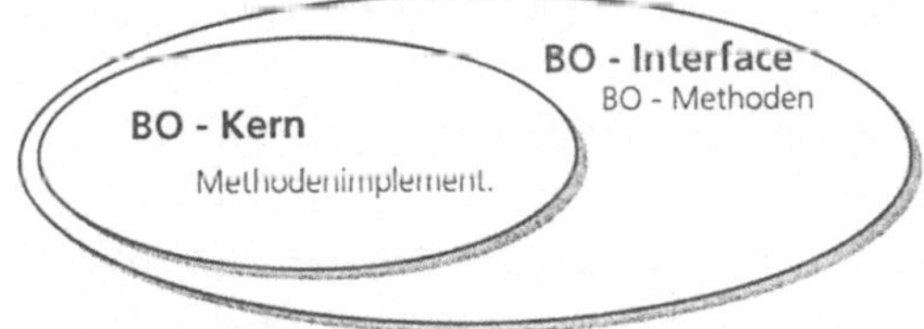

Abb. 6.3: Business Objects aus Sicht der Benutzungsschnittstelle

Die Applikationen sowie die verwendeten Altapplikationen sind im Business Object Kern implementiert. Bei den Altapplikationen ist dabei die Verbindung von Altfunktionalität und Methoden des Business Objects über das BO-Interface zu realisieren. Die Sicht der Applikationen ist die Innensicht aus dem Kern heraus hin zu dem BO-Interface, während die Benutzungsschnittstelle bzw. deren Implementierer die BOs lediglich als Schnittstelle (BO-Interface) betrachtet.

Der Object Request Broker (ORB) bildet die Middleware zwischen den Benutzungsschnittstellen und den Business Objects. Die Kommunikation zwischen Diensteanbieter (Business Objects) und Dienstebedarf (Benutzungsschnittstelle sowie Business Object) wird durch den ORB geregelt. Für den Anwender bleiben dabei Aufgaben - wie die Lokalisierung der Business Objects, die Kommunikation (Nachrichtenaustausch) zum BO und vom BO hin zum Requestor - verborgen. Die Sicht auf das BO - durch den für die Kommunikation verantwortlichen ORB - ist in Abb. 6.4 dargestellt. Die Lokalisierung kann über das IIOP (Internet Inter ORB Protocol) oder auch über BOs verschiedener ORBs ausgedehnt werden.

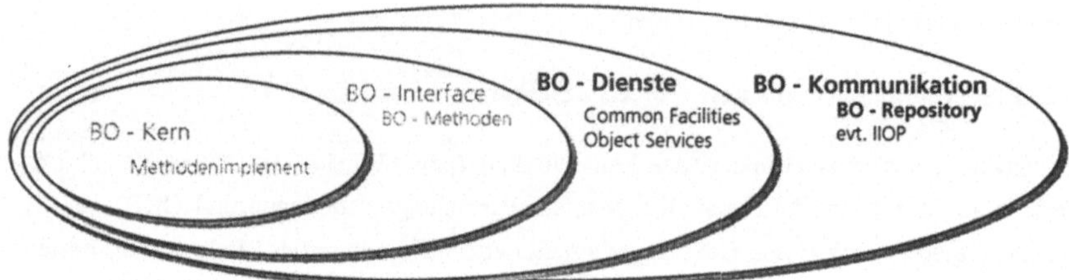

Abb. 6.4: Business Objects aus Sicht des ORB

6.2.3 Semantik der Business Objects - die Interface Definition Language

Zur Beschreibung der Architektur verteilter Objekte ist neben dem Modell der Business Objects die formale Spezifikation der Objekte notwendig. Hierfür eignet sich die implementierungsneutrale Beschreibung durch die Interface Definition Language (IDL). Sie ist in /OMG93/ detailliert beschrieben, und gehört zur Definition einer CORBA-konformen Architektur. Alle Objektklassen, die darüber beschrieben sind, können in einer CORBA-Umgebung verwendet werden. Die Kommunikation zwischen den Objekten übernimmt der Object Request Broker (ORB). Die Implementierung der in IDL beschriebenen Objekte erfolgt in einer Programmiersprache, für die ein sogenanntes Mapping vorliegt. Die Object Management Group (OMG) hat solche Abbildungen für C, C++, Smalltalk und Ada95 offiziell verabschiedet.

Die IDL kennt folgende Begriffe: Modul, Interface, Operation, Attribut. Ein Modul kann mehrere Objekte zusammenfassen. Das Modul selbst enthält keine Operationen oder Attribute. Es wird über den Begriff module definiert:

```
module Aufträge
{
        interface Kundenauftrag
        {
        ...
        }
        interface Fertigungsauftrag
        {
        ...
        }
        interface Bestellung
        {
        ...
        }
}
```

Objekte - hier die Business Objects - werden durch den Begriff interface definiert. Sie können - im Gegensatz zu Modulen - Attribute und Operationen enthalten.

```
interface Fertigungsauftrag
{
...
}
```

Operationen werden ähnlich wie in C++ definiert, allerdings muß bei Parametern angegeben werden, in welche Richtung sie gehen. Dafür werden die Begriffe in, out oder inout vorangestellt.

```
interface Fertigungsauftrag
{
        attribute string FAlength

        void get_KA(in string Kundenauftrag)
        void make_FA(out string FA)
}
```

Attribute sind zur Beschreibung der im Objekt gespeicherten Daten vorgesehen. Sie werden über den Begriff attribute definiert, und können die entsprechend der Typwertedefinition der IDL festgelegten Formate verwenden. Es werden in dieser Arbeit jedoch ausschließlich formatdefinierende Attribute (wie Längen von Strings) zugelassen.

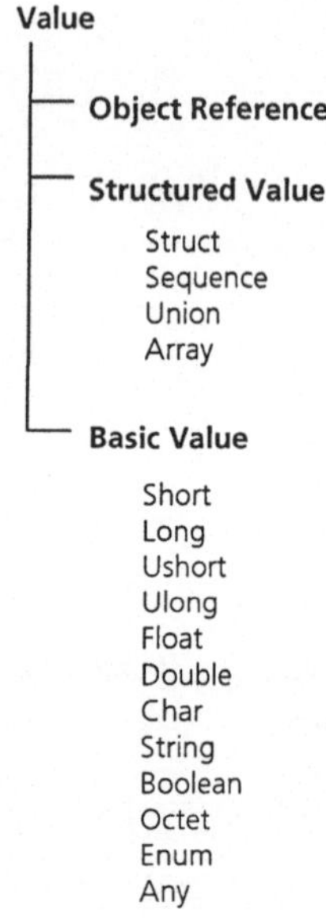

Abb. 6.5: Definierte Formate in der IDL

Die Semantik der IDL ,wie in Abb. 6.5 beschreiben, bietet dem Implementierer die Möglichkeit, auf bereits realisierte Business Objects zuzugreifen, um die darin enthaltenen Methoden und ggf. die formatbeschreibenden Attribute zu nutzen. Die Anforderungen des Benutzers eines Informationssystems müssen in Form einer Informationsstruktur und evtl. detaillierten Dialogabläufen dokumentiert sein.

6.3 Die Informationsstruktur - Benutzungsoberfläche und Business Objects

Die Beschreibung der Dialogschicht muß einerseits die Anforderungen der Software-ergonomie erfüllen, und andererseits aus systemtechnischer Sicht eine Durchgängigkeit in der Modellierung gewährleisten. Es sind hier praktikable Beschreibungsmöglichkeiten für die Benutzungsoberfläche wie auch für die Dialoge aufzuzeigen.

Aus Gründen der Durchgängigkeit und der Benutzerfreundlichkeit wird eine - in der obersten Ebene - statische Struktur (die *Informationsstruktur*) zur Beschreibung der Benutzungs-oberfläche gewählt. Diese beschreibt die Struktur des Informationszugriffs aus Benutzersicht. In ihr werden Informationsgehalte geordnet, und dem Benutzer nach dem Hol-Prinzip ange-boten. Ziel ist es hier - wie auch bei der Schicht der Business Objects - eine langlebige Informationsstruktur zu entwerfen. Die Inhalte innerhalb der (Struktur-) Bereiche (Organisation, Produktion usw.) sollen und müssen sich ändern, nicht jedoch die Ausgangs-oberfläche (= oberste Ebene der Informationsstruktur) sowie die Navigation.

Die Darstellung der statischen Informationsstruktur erfolgt über die Hauptfunktionsbereiche, die mit den jeweiligen Unterfunktionen zusammengekoppelt sind. Auf diese Weise ergibt sich für den Nutzer die Möglichkeit die Funktionalität der Benutzungsoberfläche mit dem Implementierer in einer groben Übersicht zu diskutieren.

Momentan nicht verwendete Funktionsbereiche sollten in die Gestaltung der Informations-struktur mit einfließen. Die Informationsstruktur und das Modell der Business Objects sollen langlebig, in die Breite gehend und vollständig sein. Nachträgliche Funktionserweiterungen sind auf diese Weise einfach durchzuführen.

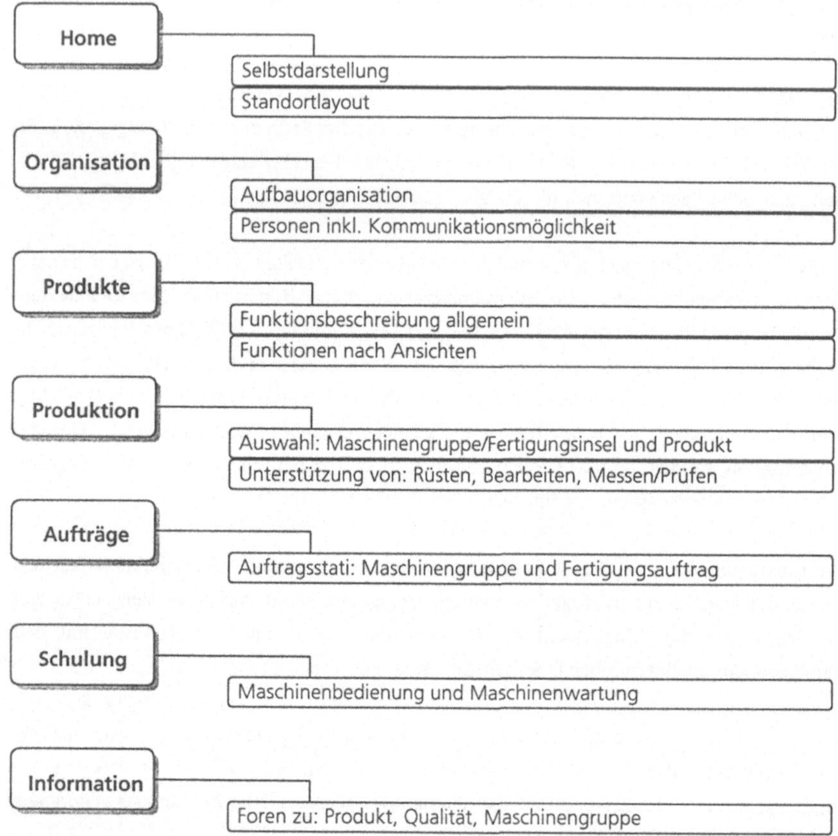

Abb. 6.6: Informationsstruktur der Benutzungsoberfläche

Die Informationsstruktur in Abb. 6.6 wurde - aus Gründen der Durchgängigkeit - aus dem Modell der Business Objects und den Sichten innerhalb dieses Modells abgeleitet. Es ergeben sich auf diese Weise Bereiche (z.B. *Produktion* und *Aufträge*), die von spezifischen Nutzergruppen - den Mitarbeitern aus den entsprechenden Funktionsbereichen (z.B. Werker in der Fertigung) - häufig benützt werden. Andere Bereiche (z.B. *Organisation*) werden von den Werkern eher selten verwandt, sind für diese Nutzergruppe jedoch ebenfalls verfügbar. Beispielsweise kann die Verfügbarkeit von Kaufteilen abgefragt werden, die hier in der Verantwortlichkeit der Qualitätssicherung - speziell des Wareneingangs - verwaltet werden. Hier wurde die mehrfache Verfügbarkeit von Information eingesetzt, obwohl sie lediglich einmalig im Business Object realisiert wurde.

So kann auf die Information eines Arbeitsvorgangs über die folgenden Bereiche zugegriffen werden: über den Bereich der *Produkt-* und *Arbeitsinhalte* einzelner Maschinengruppen oder über den Bereich der *Aufträge* - mit dem zugehörigen Auftragsstatus des Gesamtarbeitsplanes.

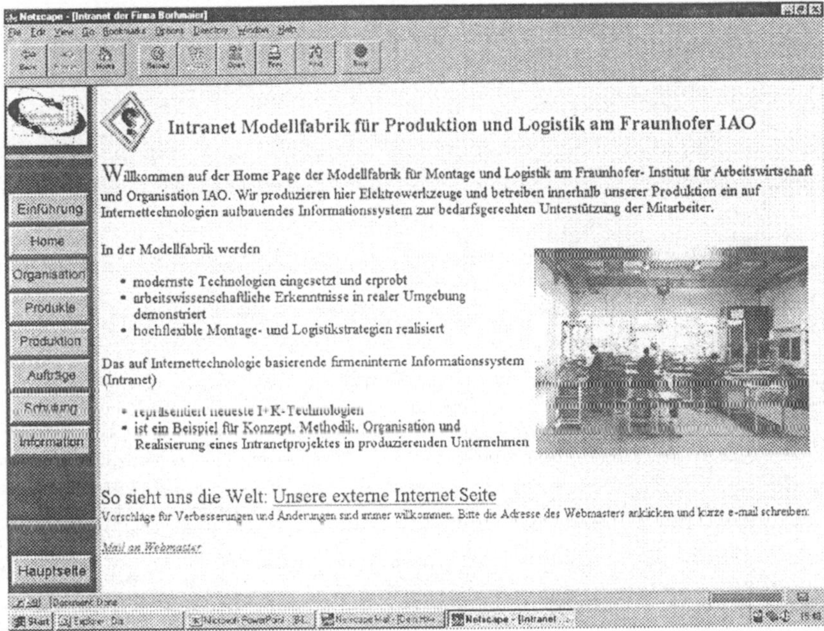

Abb. 6.7: Browseroberfläche des Fertigungsinformationssystems

Zur Realisierung der Informationsstruktur wurde der Netscape-Browser, wie in Abb. 6.7 dargestellt, verwandt. Die einfache und strukturierte Darstellung der Information, die über Buttons (z.B. Button Produkte) abrufbar ist, kommt hier zum Ausdruck.

6.3.1 Dialogbeschreibung unter Verwendung der Business Objects

Zur Durchgängigkeit vom Dialog und der Architektur verteilter Objekte sollte für die Benutzungsschnittstelle ebenfalls ein objektorientierter Gestaltungsansatz verwendet werden. Die Dialogbeschreibung kann mit der Methode der Dialognetze, wie in Abb. 6.8 dargestellt, erfolgen /Jan96/. Andere Beschreibungstechniken, wie die der Task Object Charts (TOCs) nach Ziegler /Zie96/, erscheinen hier zu komplex, können jedoch prinzipiell eingesetzt werden.

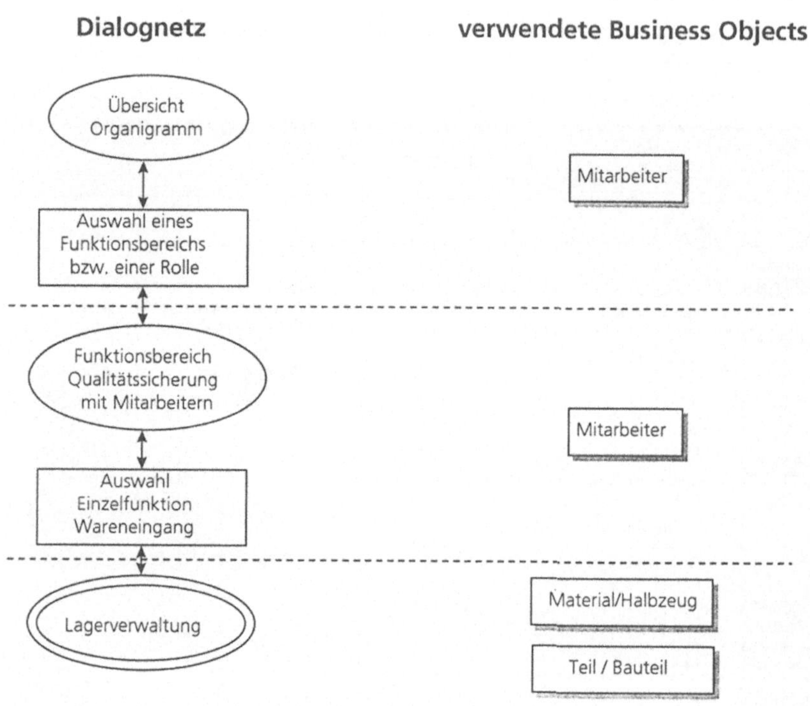

Abb. 6.8: Dialogbeschreibung am Beispiel der Organisation

In Abb 6.8 ist der Dialog im Bereich Organisation mit der darin enthaltenen Lagerverwaltung im Wareneingang beschreiben. Parallel dazu werden die im Dialog verwendeten Business Objects festgelegt.

Neueste Entwicklungen im Bereich der Modellierungsmethoden gehen in die Richtung der Unified Modeling Language (UML), die eine Zusammenfassung von OOA nach Booch, Jacobson, der OMT und der Object Modeling Language nach Rumbaugh darstellt /BoJaRu97/.

Die Realisierung des Dialogs im Bereich Organisation sowie die Besonderheiten der Dialogmasken werden im folgenden aufgezeigt:

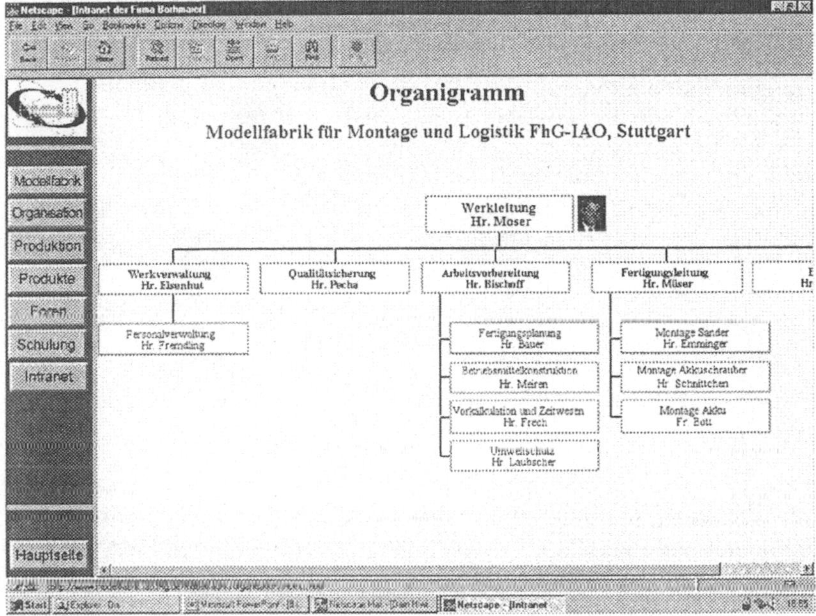

Abb. 6.9 Gesamtaufbauorganisation im Bereich Organisation

Die Besonderheit bei der Gestaltung der Dialogoberfläche ist die gestalterische und funktionale Freiheit, die der Implementierer genießt. Dies gilt es einerseits in Bahnen zu lenken - durch die Erstellung eines Styleguides, der die verwendeten Elemente (wie Pushbuttons), die farbliche Gestaltung und die grobe Interaktion festlegt -, andererseits ermöglicht die funktionale Freiheit eine Möglichkeit (Zusatz-) Informationen zu hinterlegen. Dies wird über sensitive Flächen realisiert. So ist beispielsweise (in der obigen Abbildung 6.9) hinter die Montagebereiche oder hinter den Wareneingang Zusatzinformation gelegt, die durch einen Mausklick in den Vordergrund geholt werden kann.

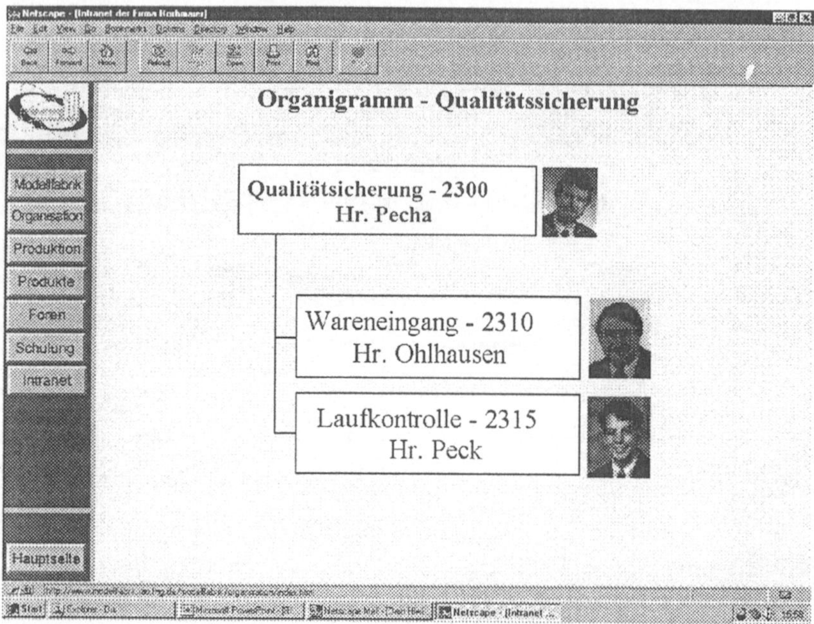

Abb. 6.10: Aufbauorganisation im Funktionsbereich Qualitätssicherung

In dieser Benutzungsoberfläche kann man den aufgaben- und benutzergerechten Einsatz mehrerer Medien (Text und Bild) sehr gut erkennen. Für den Nutzer kann Informationsgehalt benutzer- und aufgabengerecht (schnell aufzunehmen, für unterschiedliche Nutzergruppen verständlich, einfach) dargestellt werden. Der Informationsgehalt der obigen Abbildung 6.10 ist reduziert auf die Bezeichnung des Funktionsbereichs, die dafür verantwortliche Person sowie deren interne Telefonnummer.

Die Verbindung zwischen Verantwortlichkeiten in der Aufbauorganisation (z.B. Wareneingang) und den hierfür eingesetzten DV-Systemen (Lagerverwaltung) wird im Folgenden aufgezeigt.

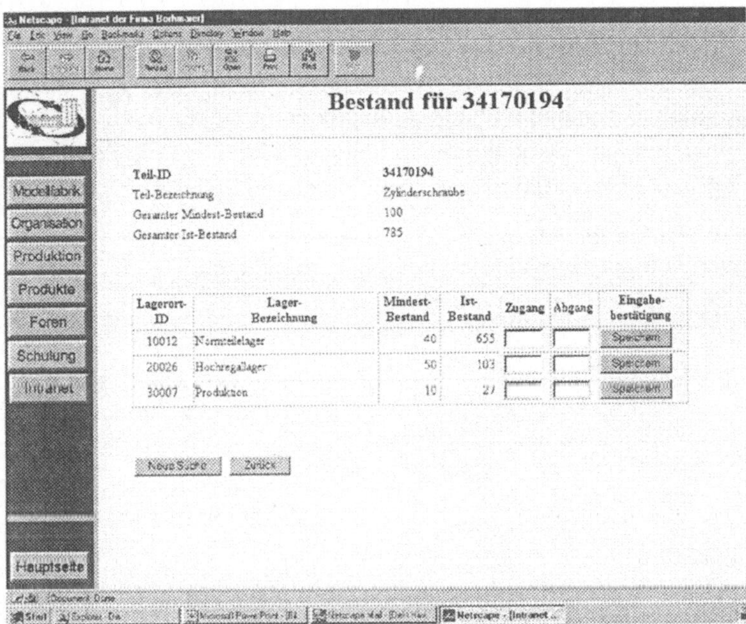

Abb. 6.11: Zugriff auf das Lagerverwaltungssystem über den Funktionsbereich Wareneingang / Qualitässicherung

Bei der Dialogmaske der Lagerverwaltung (in Abbildung 6.11) ist die Trennung zwischen den beschreibenden Daten (im oberen Teil der Bildschirmmaske) und den veränderlichen Daten der Lagerverwaltung sehr gut zu erkennen. Eingabefelder sind durch eine vertiefte Darstellung von den reinen Ausgabefeldern abgehoben.

Mit Hilfe der Dialognetze oder mit der einfachen Informationsstruktur können - unter Partizipation der Benutzer - Dialoge spezifiziert werden, die in einem zweiten Schritt (mit Hilfe der Business Objects) durch den Implementierer mit Leben (Information) gefüllt werden. Eine zweite Möglichkeit für die Partizipation der Benutzer ist Rapid Prototyping. Hierbei werden Dialoginhalte und deren Interaktion prototypisch erstellt, und mit dem Benutzer kritisch diskutiert.

6.4 Vorgehen zum unternehmensspezifischen Business Object - Modell

Zur Anwendbarkeit der Architektur verteilter Objekte auf die DV-Architekturen in Produktionsunternehmen wird nun ein Vorgehen erarbeitet. Hierbei wird das Vorgehen in Phasen unterteilt, in denen jeweils Methoden und Werkzeuge zum Einsatz kommen. Es kommen dabei Methoden der Prozeßorientierung, der objektorientierten Analyse und der Beschreibung verteilter Objekte (den Business Objects) zur Anwendung. Durch die aufeinander aufbauende Kombination von Methoden werden die benötigten Business Objects identifiziert, und diese Business Objects auf bestehende DV-Systeme abgebildet. Diese neue Sichtweise auf Funktionen und Daten wird - durch die Kapselung der Objekte - in eine offene System-architektur verteilter Objekte überführt. Die Business Objects werden mit den Dialogobjekten der Benutzungsschnittstelle verbunden bzw. können diese zum Teil auch repräsentieren.

Phasen	Untersuchungsbereich	Methode	Werkzeug	Ergebnis
1	Untersuchungsbereich eingebettet im Gesamtablauf des Unternehmens; Ablauforganisation	Eingrenzen des Untersuchungsbereichs und Aufnahme der DV-Unterstützung mit der Prozeßkettenmodellierung	Formale Beschreibung von Prozeßketten, Arbeitschritten und Funktionsträgern	benötigte DV-Funktionsunter-stützung bei den Arbeitsschritten
2	gesamtes Unternehmen DV-Technik	Aufnahme der vorhandenen DV-Systeme	Befragung DV-Verantwortlicher	Liste der DV-Systeme
3	Anforderungsbereich	Abbildung der Anforderungen an DV-Unterstützung auf die Business Objects	konzeptionelles Schema der Informationsobjekte (Dialogobjekte) und des Kommunikationsmodells (Business Objects)	Matrix Business Objects/ Informationsobjekte
4	Untersuchungsbereich - evtl. Erweiterung auf gesamtes Unternehmen	Abbildung der benötigten Business Objects auf die DV-Systeme	Kommunikationsmodell (Business Objects); Liste der DV-Systeme	Matrix Business Objects/ DV-Systeme
5	DV-Bereich	Realisierung der Architektur, der Basiskomponenten und der Kommunikation	CORBA konforme Basis-Objekte; ORB; Internetstandards und -dienste	Basisinformations-system mit grundlegenden Services
6	Anwendungsbereich	Realisierung der geforderten DV-Funktionsunterstützung mittels Business Objects	Realisierung der Business Objects und deren Anbindung an die Informationsobjekte	neue DV-Funktionsunter-stützung mit den vorhandenen DV-Systemen

Abb. 6.12: Gliederung des Vorgehens mit den eingesetzten Hilfsmitteln

Die in der Übersicht (in der Abb. 6.12) dargestellten Phasen des Vorgehens werden im folgenden ausführlich beschrieben.

6.4.1 Anforderungsaufnahme und zu integrierende DV-Systeme

Die in den Unternehmen anzutreffenden DV-Systeme - bzw. deren zur Zeit der Festlegung gewünschter Funktionsumfang - wurden bislang in Form eines Pflichtenheftes spezifiziert /MoBa89/. Diesem Pflichtenheft wird das funktionsspezifische Leistungsprofil der Anwendungssysteme der DV-Hersteller gegenübergestellt. Wir treffen somit auf funktional beschriebene Systeme, die sich an den Grenzen der Funktionsbereiche orientieren. Beispiele sind: CAD-System / Konstruktion; NC-Programmiersystem / Arbeitsvorbereitung; PPS-System / Planung sowie Steuerung der Fertigung. Die funktional beschriebenen und realisierten DV-Unterstützungsysteme tragen eher zu einer Ab-Teilung der Funktionsbereiche als zu deren Integration bei.

Zur durchgängigen DV-Unterstützung (Ablauforganisation) und zur Einschränkung des Betrachtungsraums wird der prozeßorientierte Ansatz verwendet. Durch die Einführung von Ebenen läßt sich die Komplexität - entsprechend den Anforderungen an die Prozeß-unterstützung - vergröbern oder verfeinern.
Die Methode der Anforderungsaufnahme gliedert sich in folgende Schritte:
- Festlegung der Hauptgeschäftsprozesse
- Bestimmung der - für den Untersuchungsbereich - relevanten Hauptgeschäftsprozesse und ggf. der Hilfsgeschäftsprozesse
- Bestimmung der im Geschäftsprozeß involvierten Funktionsträger (Personen und DV-Systeme)
- Aufnahme der gewünschten Informationsunterstützung

Aufnahme der zu integrierenden DV-Systeme
Zur Realisierung neuer DV-Unterstützung - für die Arbeitsschritte in den Prozessen - werden die vorhandenen DV-Systeme auf Tauglichkeit überprüft. Dies dient zur Verringerung bzw. zur Vermeidung von Datenredundanzen sowie zur effektiven Entwicklung neuer DV-Unterstützung durch die Integration bestehender DV-Systeme.

Die Aufnahme der DV-Systeme sollte in unterschiedlichen Detaillierungstiefen vorgenommen werden. So genügt es, unternehmensweit eine grobe Aufnahme der DV-Systeme durchzu-führen. Im Untersuchungsbereich sowie bei den in die Prozeßkette involvierten Bereichen sollte die Aufnahme der DV-Systeme dann auch einfache DV-gestützte Entscheidungstabellen sowie persönliche DV-gestützte Dokumentationen erfassen. Redundanten Daten können durch die Neugestaltung eines Systembereichs bereinigt werden, und den Benutzern mit derselben Funktionalität wieder zur Verfügung gestellt werden.

Die Durchführung geschieht in Absprache mit den DV-Verantwortlichen. Vorhandene Sekundärdaten werden mit aufgenommen, und noch nicht beschriebene DV-Systeme entsprechend der Funktions- und Hauptfunktionsbereiche ermittelt.

Die Anforderungen werden partizipativ mit den Benutzern in Dialognetzen spezifiziert. Diese Form der Darstellung ermöglicht eine - aus Sicht des Applikationsentwicklers und des Anwenders gleichartige - Beschreibung der Interaktion mit der Benutzungsoberfläche.

6.4.2 Abbildung der Anforderungen auf die Business Objects

Das jeweilige Dialogobjekt steht als formale Beschreibung der Benutzeranforderungen im Mittelpunkt der Überlegung. Aus der Menge aller Business Objects werden diejenigen ausgewählt, die Anforderungen des Dialogobjekts im Hinblick auf Daten und Funktionen (Methoden) erfüllen können. Bereits realisierte Business Objects (logische Objekte, die gekapselte Funktionen von bestehenden DV-Systemen repräsentieren) können direkt mit den Dialogobjekten verknüpft werden. Bei den noch nicht realisierten Business Objects muß der Zwischenschritt der Abbildung auf bestehende DV-Systeme und danach die Realisierung auf Seiten der DV-Systeme durchgeführt werden.

Die Darstellung erfolgt in Form einer Matrix (Abb. 6.13), bei der die gewünschten Dialogobjekte mit ihren Business Objects dargestellt werden. Die bereits realisierten Business Objects erhalten eine Kennung.

Business Objects

Dialogobjekte	Teil	Zeichnung	Stückliste	Gesamtprodukt	Auftrag	Arbeitsplan	Ressourcen	Prüfplan
Teil prüfen	O	O			O	O	●	●
Arbeitsschritte anzeigen	O	O	O			O	O	O

Legende: O   Benötigte Business Objects, nicht realisiert
          ●   Benötigte Business Objects, realisiert

Abb. 6.13: Zuordnung von Dialogobjekten und Business Objects

6.4.3 Abbildung der Business Objects auf DV-Systeme

Die Einbindung bestehender DV-Systeme ermöglicht es, vorhandene DV-Ressourcen zu nutzen. Daten und Funktionen sind in Form der bestehenden DV-Systeme bereits realisiert, und arbeiten seit längerer Zeit mit den Datenbeständen des Unternehmens. Eine Realisierung der DV-Unterstützung ohne die Einbindung bestehender DV-Systeme würde neben der Realisierung eine aufwändige Übernahme der verwendeten Unternehmensdaten notwendig machen. Die Darstellung wird als Erweiterung der Matrix Dialogobjekte (Business Objects) durchgeführt. Die Zuordnung von Business Objects zu vorhandenen DV-Systemen wird abgebildet. Teile der zugehörigen Daten (der Business Objects) können in mehreren Systemen redundant gespeichert sein. Hier wird nun ein führendes System bestimmt, dem sich die anderen Systeme unterzuordnen haben. Diese Form der Darstellung trägt somit zur Klärung der Verantwortlichkeiten auf der Datenebene bei.

Business Objects

		Teil	Zeichnung	Stückliste	Gesamtprodukt	Auftrag	Arbeitsplan	Ressourcen	Prüfplan
Dialogobjekte	Teil prüfen	○	○			○	○	●	●
	Arbeitsschritte anzeigen	○	○	○			○	○	○
DV-Systeme	CAQ-System	x						x	X
	PPS-System	X		X			X	X	x
	CAD-System	x	X						

Legende: x im System verwendetes Business Object
             X im System verwendetes Business Object; führendes System

Abb. 6.14: Zuordnung der verwendeten Business Objects zu den DV-Systemen

Die Überprüfung bezüglich des Vorhandenseins eines führenden Systems kann leicht anhand der Matrix (Abb. 6.14) vorgenommen werden.

6.4.4 Auswahl der Softwaretechnologien zur Realisierung der Architektur

Die Umsetzung von Konzepten und Modellen auf funktionsfähige DV-Systemlandschaften teilt sich in zwei Realisierungsschritte auf: einen Grundaufwand zur Realisierung der Architektur sowie die darauf aufbauende Realisierung der gewünschten Zusatzfunktionen aus der Anforderungsaufnahme. Der Einsatz von Standards im Bereich der Datenformate, der Kommunikationsdienste und -netze sowie im Bereich der Kommunikation zwischen Objekten ist notwendig für den Investitionsschutz, und hält die Möglichkeit offen, Systeme einzusetzen die sich an diesen Standards orientieren. Die Realisierung gliedert sich wie folgt:

- Auswahl von Hardware, Software und Tools entsprechend dem DV-Konzept mit den einzusetzenden Kommunikationsstandards
- Realisierung der Basistechnologien und Dienste entsprechend der Architektur

Zur Realisierung der offenen Architektur werden für die Middleware CORBA-Produkte verwendet. CORBA-Produkte sind für die Betriebsysteme VMS, UNIX und Windows95 lieferbar, wodurch über diese Betriebssysteme hinaus eine Kommunikation möglich ist. Die zu realisierenden CORBA-konformen Business Objects sind über ihre Schnittstellen mit der Interface Definition Language beschrieben.

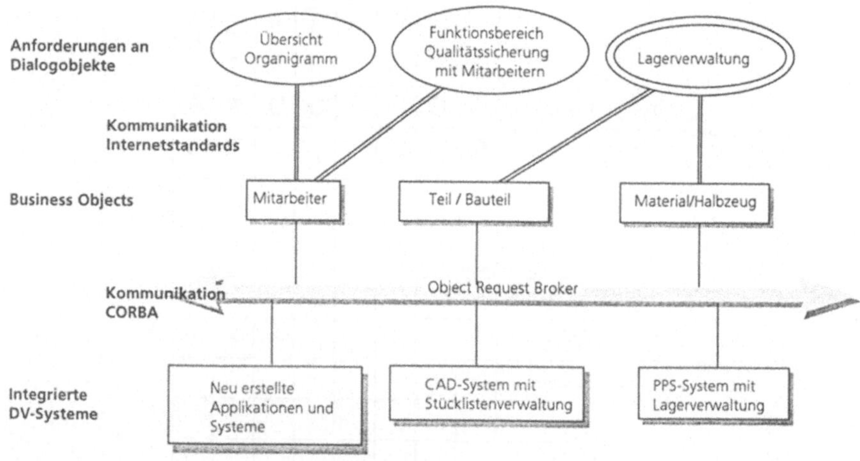

Abb. 6.15: Realisierung der Architektur mit den Basiskomponenten

Abb. 6.15 zeigt die Kommunikation zwischen den CORBA-konformen Business Objects und dem Benutzer. Die Realisierung erfolgt mit Internetstandards (Formaten, Diensten und Protokollen). Da es sich bei den Internetstandards um nichtproprietäre Standards handelt, ist ein Investitionsschutz gegeben. Die Internetstandards sind sowohl innerhalb des Unternehmens (als Intranet) zu verwenden, wie auch unternehmensübergreifend (unter Einbeziehung von Strecken des Internets).

In der Abbildung 6.15 werden die Dialogmasken des Bereichs Organisation abgebildet. Die Business Objects repräsentieren die (gekapselten) DV-Systeme und Applikationen. Die Implementierung auf DV-Systemebene ist entweder ein gekapseltes bestehendes DV-System oder eine neu implementierte Applikation. Hier soll aufgezeigt werden, daß die Integration der bestehenden DV-Systeme mit den CORBA-Standards realisiert wird, die Anbindung der Benutzungsoberfläche dagegen mit den Internetstandards.

Die Realisierung der Anforderungen zur DV-Funktionsunterstützung erfolgt entsprechend der Matrix, in der Business Objects, Dialogobjekte und DV-Systeme eingetragen sind. Die Business Objects werden CORBA-konform in den zugehörigen DV-Systemen gekapselt und mit den für den Dialog benötigten Funktionen und Daten (Methoden) realisiert.

Die Business Objects werden dem Object Request Broker bekannt gemacht, sind ab diesem Zeitpunkt verfügbar, und können in Dialogen verwendet werden. Die Verwaltung der zugehörigen Daten und deren Funktionslogik wird solange vom „Altsystem" durchgeführt, bis die entsprechende Applikation durch ein Neusystem oder eine firmenspezifische Applikation abgelöst wird.

Mit dem Modell der Business Objects ist eine Form der Beschreibung technischer Informationen in Fertigungsunternehmen geschaffen worden, die einerseits allgemeingültig (übertragbar) und andererseits mit dem beschriebenen Vorgehen unternehmensspezifisch gestaltbar ist. Die Informationsstruktur erlaubt es, eine benutzergerechte, durchgängige Benutzungsoberfläche zu gestalten. Die flexible Anbindung der Benutzungsoberfläche an die Business Objects unterstützt die Prozeßorientierung, wobei die Art der Informationsgestaltung (fast) beliebig gestaltbar ist, und lediglich durch die Möglichkeiten des HTML eingeschränkt wird.

7 Realisierung eines integrierten Montageinformationssystems

In der Modellfabrik für Montage und Logistik am Fraunhofer IAO wurde auf Basis dieser Arbeit ein Montageinformationssystem konzipiert, realisiert und eingesetzt. Der Aufwand für die Realisierung des Montageinformationssystems lag bei ca. 8 Personenmonaten. Erfahrungen mit der Bearbeitung von Medien sowie Grundlagen der Programmierung in HTML und Java waren bereits vorhanden. Auf Seiten der Hardwareinvestitionen wurde ein Server und vier Clients beschafft. Die Verkabelung erfolgte sternförmig mit Hubs.
Das Montageinformationssystem unterstützt die Werker an einem Montageumlaufband. Es können zwei Arten von Elektrogeräten komplett montiert, geprüft und verpackt werden. Dies sind ein Akku-Bohrschrauber und ein Akku-Sander (Fachbegriff für einen Schwingschleifer). Das Montageumlaufband ist mit vier Montagestationen ausgestattet, von denen die erste Station die Vormontage der Produkte durchführen kann. An Station zwei und drei - diese sind ersetzend - wird die Hauptmontage durchgeführt. An der vierten Station werden die End-montagevorgänge, die Prüfungen sowie die Verpackung durchgeführt.

Die Hauptanforderungen an die Informationsunterstützung bezogen sich auf die Montage-vorgänge (d.h. auf die Montagebeschreibung, die in textueller Form vorlag) und auf die Montagevorranggraphen, die durch Explosionszeichnungen ergänzt wurden.

Zielsetzung bei der Montage der einzelnen Produkte sowie bei der Produktion allgemein war die vollständige informationstechnische Unterstützung des Werkers. Die Interaktion und die Navigation mit dem Informationssystem sollte durchgängig und den Aufgaben angemessen gestaltet werden. Im Montageumfeld vorhandene Informationssysteme (der Lagerverwaltung und der Stücklistenverwaltung) mußten sowohl in die Benutzungsoberfläche als auch in die DV-Architektur mit eingebunden werden. Bei der Integration dieser vorhandenen Informa-tionssysteme (der Lagerverwaltung und der Stücklistenverwaltung) sollten unterschiedliche Softwaretechnologien zum Einsatz kommen.

Das Vorgehensmodell, der konzeptioneller Ansatz, das Modell der Business Objects (BOs) und die implementierungsunabhängige Beschreibung der BOs wurden als Basis für die Integration über verschiedene Softwaretechnologien angewandt.

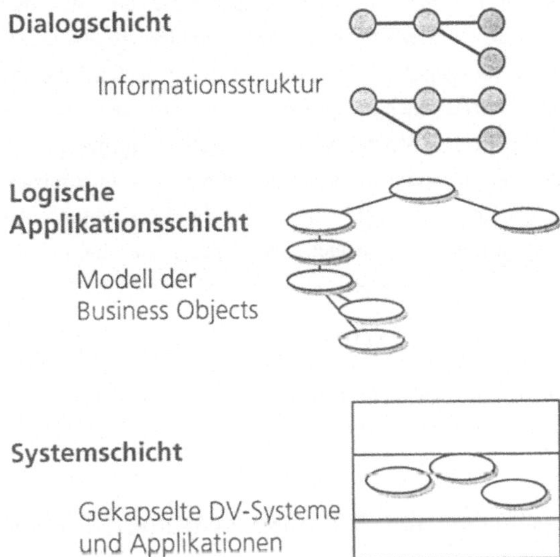

Abb. 7.1: Die Architektur des integrierten Montageinformationssystems

Die Architektur verteilter Objekte - mit den zentralen Modellen der Informationsstruktur und dem Modell der Business Objects - wird in Abb. 7.1 schematisch aufgezeigt. Diese beiden Modelle wurden speziell für die Montage aus den allgemeinen Modellen abgeleitet und realisiert.

Das Vorgehen entsprechend der Phasen des Vorgehensmodells ermöglicht die aufeinander aufbauende Modellierung und Realisierung des integrierten Montageinformationssystems entsprechend der entwickelten Architektur.

Aus den betrachteten Geschäftsprozessen heraus wurde die Informationsstruktur unternehmensspezifisch strukturiert und mit Inhalten belegt. Die Inhalte der Informationsstruktur verweisen auf die unternehmensneutralen Business Objects, die in der logischen Applikationsschicht beschrieben sind. Die Business Objects sind als wohldefinierte Schnittstellen festgelegt, die an die Systemebene angebunden sind. Diese zweistufige Anbindung der Schnittstellen (Dialog - Business Object - reales System) bestimmt maßgeblich die Informationstransparenz sowie deren Flexibilität und Integrationsfähigkeit.

7.1 Anforderungen aus den Geschäftsprozessen

Über die Identifikation und Auswahl der relevanten Geschäftsprozesse und des hier benötigten Informationsgehalts wurde der Einsatzbereich des Montageinformationssystems fixiert. Der Hauptprozeß war die Unterstützung der Montagevorgänge der beiden Produkte mit geeigneten Medien. Die hierfür notwendigen Nebenprozesse oder Tätigkeiten wie das Rüsten des Montageplatzes oder das Prüfen von Montagevorgängen mußten mit berücksichtigt werden. Der Prozeß der Planung und Steuerung war nicht darstellbar, da kein explizites Planungsergebnis (z.B. Montageprogramm) vorlag. Der Einsatzfall des Service bzw. des Kundendienstes wurde als Beschaffungsprozeß beobachtet. Schwerpunkt war hierbei die Identifikation benötigter Ersatzteile.

Das Informationssystem sollte nämlich nicht auf Geschäftsprozesse innerhalb der Montage oder innerhalb des Unternehmens beschränkt werden, sondern es sollten gerade auch Prozesse mit externen Kunden oder Lieferanten mit abgedeckt werden.

7.2 Modell der Business Objects und Informationsstruktur für die Montage

Für die Konzeption der Informationsstruktur war Langlebigkeit der Hauptanspruch. Um dies zu ermöglichen war das allgemeine Modell der Business Objects sehr hilfreich. Die logischen Ebenen im Modell wurden in Bereiche der Informationsstruktur überführt. Die Zusammenhänge einzelner Business Objects konnten aus dem Modell entnommen werden, und in einem zweiten Schritt - als Links - innerhalb der Informationsstruktur realisiert werden. Diese Struktur wurde - unter Einbeziehung der über das Unternehmen hinausgehenden Anforderungen - mit erheblichem Aufwand erstellt. Auf Basis dieser erstellten Struktur ist die Ableitung weiterer Strukturen für andere Anwendungsbereiche jedoch sehr viel einfacher. So konnte nun in nur kurzer Zeit die Informationsstruktur für ein internetbasiertes Fertigungsinformationssystem für ein produzierendes Unternehmen erstellt werden.

Die Gestaltung der Benutzungsoberfläche einschließlich deren Interaktionen wurde - auf Basis der Erfahrung aus mehreren Projekten – anhand der Gestaltung von Grafical User Interfaces (GUIs) vorgenommen. Es entstanden Gestaltungsregeln sowie ein spezifischer Styleguide, der Farben, Elemente, Interaktionen und Schriften festlegte. Der Einsatz der HTML-Programmiersprache führte dabei nicht zu den erwarteten Einschränkungen in der Gestaltung der Benutzungsoberfläche.

In die Informationsstruktur wurden die unternehmensspezifschen Anforderungen der Prozesse sowie die unternehmensneutralen Anforderungen - aus den logischen Ebenen des Business Object Modells - eingebracht.

Die Struktur der Benutzungsoberfläche zeigt Abb. 7.2. Die Bereiche *Organisation*, *Produkte*, *Produktion* (inkl. Aufträge) entsprachen seither den logischen Ebenen im Modell der BOs. Die Personen-/Rollenebene liegt nun im Bereich *Organisation*. Die Auftragsebene wurde zusammen mit der Montage-/Fertigungsebene bei der *Produktion* abgebildet. Die Produkt- und Produktfunktionsebene bildet jetzt einen eigenen Bereich *Produkte*. Der Bereich *Foren* entstand aus der Notwendigkeit orts- und zeitunabhängig mit Kunden kommunizieren zu können.

Der Bereich *Schulung* wurde aus Übersichtlichkeitsgründen in die oberste Informationsstrukturebene gelegt. Er hat außerdem Bezug zur Produktion - über die Unterstützung spezieller Montagevorgänge - sowie grundsätzlicher Verfahren (Schrauben, Löten, Pressen) in der Montage. Die Selbstdarstellung des Unternehmens (Bereich *Home*) ergänzte die technischen Bereiche und rundete das Erscheinungsbild ab.

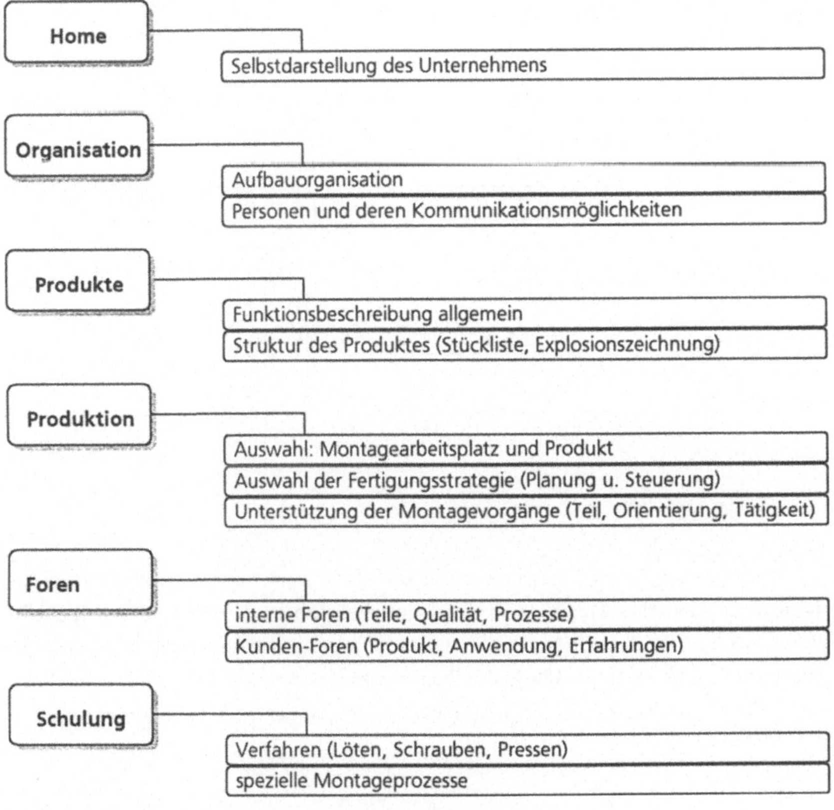

Abb. 7.2: Die Informationsstruktur mit den Hauptbereichen

Der Inhalt dieser Informationsstruktur wurden nun auf das Modell der Business Objects abgebildet. So konnten diejenigen Business Objects ausgewählt werden, die Informationen – gekapselt als Methoden - für die Dialogschicht enthalten.

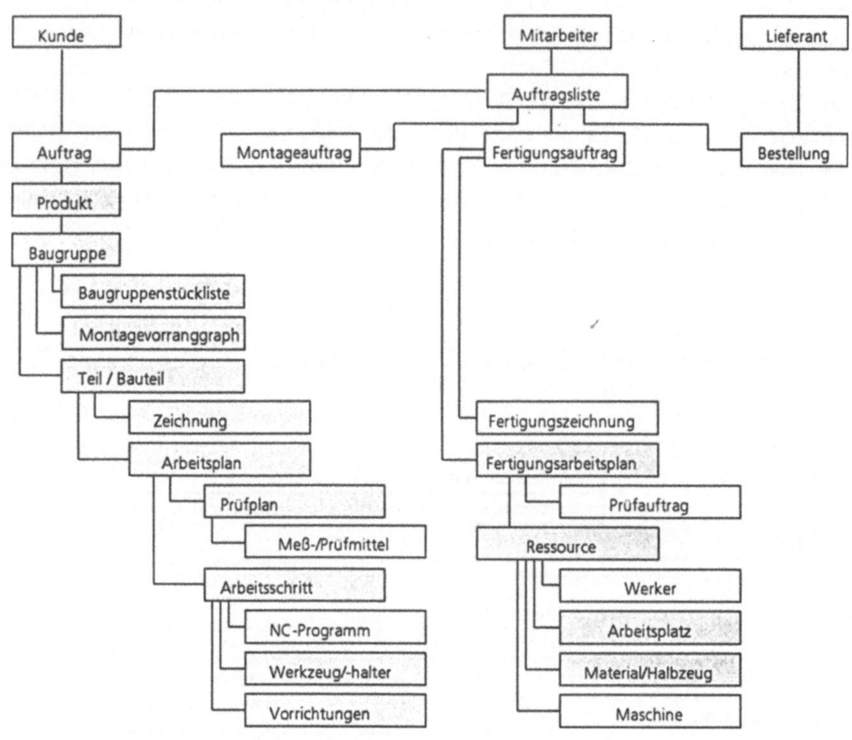

Abb. 7.3: Das Modell der Business Objects für die Montage

Aus dem allgemeingültigen Modell der Business Objects wurde dann ein unternehmens- und anwendungsspezifisches Modell (Abb. 7.3) abgeleitet. Die im Modell dunkel dargestellten Business Objects (BOs) sind für das Montageinformationssystem notwendig. Sie wurden neu implementiert oder durch die Integration bestehender Systeme realisiert. Im zweiten Schritt wurden die einzusetzenden Medien je Business Object bzw. der Medienmix bestimmt.

7.3 Realisierung der Informationsstruktur

Zur Realisierung der Benutzungsoberfläche wurden - aus Gründen der Informationstransparenz und der Plattformunabhängigkeit - die Standards des Internet mit dem Browser als Benutzungsoberfläche gewählt. Diese Standards und Dienste (*HTML* als Datenformat, *http/ftp/smtp/nntp* als Dienste und *TCP/IP* als Protokoll) ermöglichen den orts- und zeitunabhängigen Betrieb des Montageinformationssystems. Der Zugriff über Internetstrecken ist jederzeit möglich, und kann sowohl durch den Kunden - über die Anwendungsforen - als auch für den Service - über die Identifikation von Ersatzteilen - erfolgen. Die Verwendung dieser (Welt-)Standards ist die Voraussetzung, um unternehmensübergreifend oder gar weltweit mit Kunden und Lieferanten kommunizieren zu können.

Die Auswahl des Browsers als Endgerät (Softwareendgerät) zielt auf die Unabhängigkeit von der Plattform (Hardware und Betriebssystem). Durch diese Unabhängigkeit kann der Informationszugriff sowohl von einem Macintosh, einem Windows95-PC, als auch von einer UNIX-Workstation erfolgen. Dies muß als Voraussetzung bei einem Integrationsansatz berücksichtigt werden, da sonst Benutzergruppen durch nicht vorhandene Informationstechnik ausgeschlossen würden. So ist es möglich, daß die Lagerverwaltung mit ihrem proprietären GUI und der zugehörigen Hardware arbeitet, und daß auf dieser Hardware gleichzeitig das Montageinformationssystem lauffähig ist.

Die Konzeption der Benutzerdialoge wurde bei einfachen Dialogen direkt anhand der Informationsstruktur festgelegt. Bei komplexeren Dialogen wurde mit der objektorientierten Darstellungsmethode der Dialognetze gearbeitet. Die Darstellung in Form von Dialognetzen sowie die Verbindung zwischen Business Object und Dialogobjekt wird im folgenden am Beispiel der Produktion aufgezeigt.

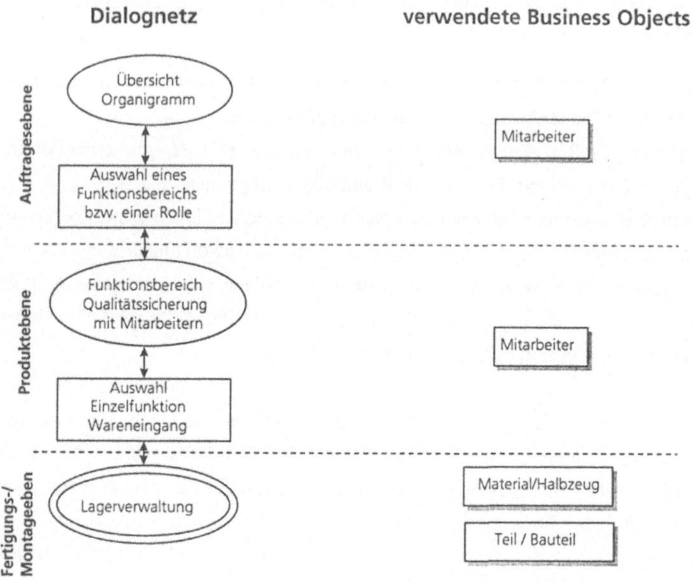

Abb. 7.4: Dialognetz und Business Objects im Dialogbereich Produktion

Die mit der Methode der Dialognetze modellierten Dialoge verwenden diejenigen Business Objects der entsprechenden Ebenen – Fertigungs-/Montageebene, Produktebene, Auftragsebene - im Modell der BOs. Abb. 7.4 zeigt dies für den Bereich der Produktion.

Die Auftragsebene zeigt die Übersicht der möglichen Fertigungsstrategien. Ausprägungen der Fertigungsstrategie sind entweder die jeweils exklusive Montage von Bohrer oder Sander, die Montage einer 50:50 Verteilung oder die chaotische Montage von Bohrer und Sander. Abhängig von der festgelegten Montage-/Fertigungsstrategie ist sowohl der Rüstzustand der Station (Material, Halbzeuge, Vorrichtungen und Kleinteile) als auch die hier durchzuführenden Montagetätigkeiten.

Die Auswahl des zu montierenden Produkts innerhalb der Produktebene führt in der Fertigungs-/Montageebene zur Strukturübersicht entsprechend dem Montagevorranggraph (Abb. 7.5).

Anhand dieser Struktur kann der Benutzer nun innerhalb der Fertigungs-/Montageebene sequentiell die einzelnen Arbeitsschritte (wie in Abb. 7.6 dargestellt) durchlaufen, oder gezielt einen Arbeitsschritt auswählen. Die Informationen zu den einzelnen Arbeitsschritten beinhalten das zu verbauende Teil/Bauteil, die Orientierung (Prüfplan/Prüfauftrag), die Tätigkeit (Arbeitsplan/Fertigungsarbeitsplan), die zu verwendende Werkzeuge und Vorrichtungen sowie die notwendigen Materialien/Halbzeuge. Da es hierbei lediglich um das Erkennen der jeweiligen Teile geht, und Benutzer eventuell nicht durchweg in der Lage sind, technische Zeichnungen zu lesen, wurde die Zeichnung durch eine Abbildung ersetzt.

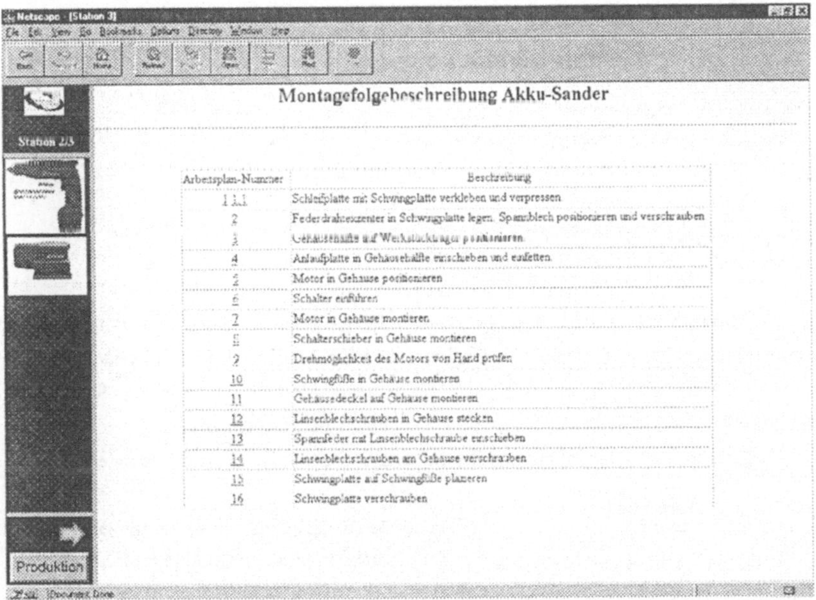

Abb. 7.5: Montagevorranggraph für das Produkt Akku-Sander

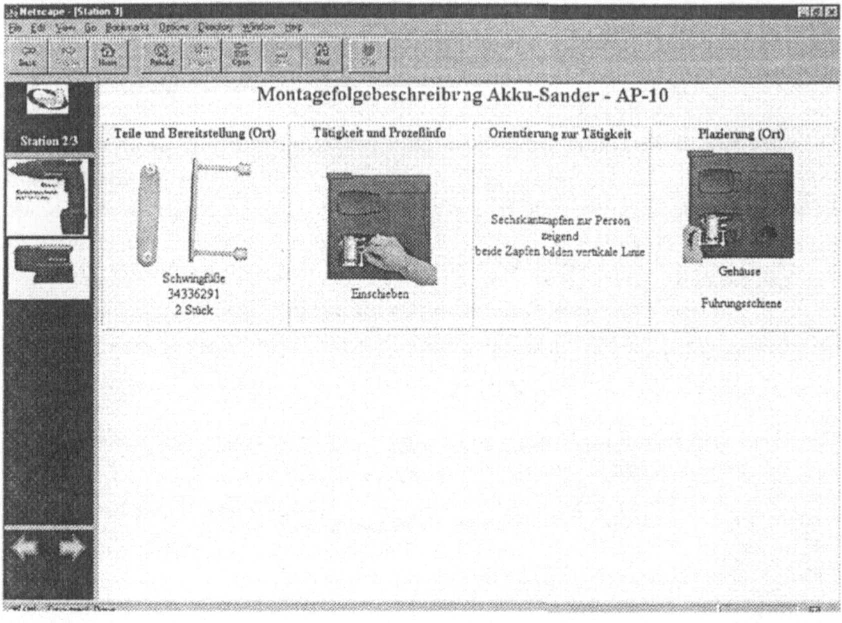

Abb. 7.6: Arbeitsschritt im Montagevorranggraph

Durch die Beschreibung der im Dialog zu verwendenden Business Objects kann der Vorgang der Implementierung des Dialogs von der Erstellung der Medien (Bild, Bildsequenz, Audio) entkoppelt werden. Die Dateistruktur zur Ablage neuer Medien entspricht der Struktur des Business Object Modells. Dadurch konnte - sowohl für den Implementierer als auch für den Medienbearbeiter - eine Aktualisierung des Informationsgehalts gleichartig erfolgen.

Bei häufigen Änderungen (neue Produkte, geänderte Arbeitspläne, ...) sollte von einem reinen Filesystem abgegangen werden. Hier ist der Einsatz von dynamisch generierten HTML-Seiten sinnvoller. Dabei wird die Datenbank entweder serverseitig (über Common-Gateway-Interface (CGI)) oder clientseitig (über Java-Database-Connectivity (JDBC)) angebunden. Die Vor- und Nachteile der server- oder clientseitigen Anbindung sind in Kapitel 5.4.2 (Interaktion im Internet) ausführlich beschrieben, und sind für das Informationssystem möglichst durchgängig festzulegen.

7.4 Integration der Lagerverwaltung mit Internetstandards

Die Möglichkeit zur Integration bestehender DV-Systeme in die entwickelte Architektur wurde anhand einer Lagerverwaltung und einer Stücklistenverwaltung verifiziert. Beide Integrationen basieren auf der Anbindung der Business Objects an die Systeme und deren architekturkonforme Kapselung. Die informationstechnische Realisierung der Anbindung erfolgte bei der Lagerverwaltung über Internetstandards, bei der Stücklistenverwaltung über CORBA-Standards.

Die Lagerverwaltung ist einer 2-Schicht Architektur entsprechend aufgebaut. Die Trennung zwischen Applikation und Datenhaltung unterstützt die - in der Architektur geforderte - Trennung zwischen Dialogschicht und Logik- bzw. Applikationsschicht. Benutzer arbeiten auf der Dialogebene mit den für sie transparenten Funktionen der Lagerverwaltung. Diese Funktionen werden in der Applikationsschicht über gekapselte Einheiten (Business Objects) als wohldefinierte Schnittstellen zur Verfügung gestellt. Die Funktionen selbst laufen nach wie vor auf dem Server (der eigentlichen Lagerverwaltung) ab.

Diese wohldefinierten Schnittstellen des zu integrierenden Systems galt es zu identifizieren, einem Business Object zuzuordnen, und in einem zweiten Schritt zu realisieren. Die Beschreibung der Schnittstellen erfolgte in Form von Methoden der Business Objects. Für die Lagerverwaltung relevante Funktionen sind das *Auslesen des Lagerbestandes* sowie das *Ändern des Lagerbestandes*. Diese wurden als Methoden im Business Object *Teil/Bauteil* realisiert. Die Daten (Teilenummer, Identnummer, Bezeichnung, Lagerort, Anzahl, Mindestbestand) sind nun im Business Object *Teil/Bauteil* gekapselt und nur über dessen Methoden zugänglich.

Zur informationstechnischen Anbindung der Lagerverwaltung (Systemebene) an die Business Objects (Applikationsschicht) wurde eine serverseitige CGI-Schnittstelle wie in Abb. 7.7 dargestellt realisiert.

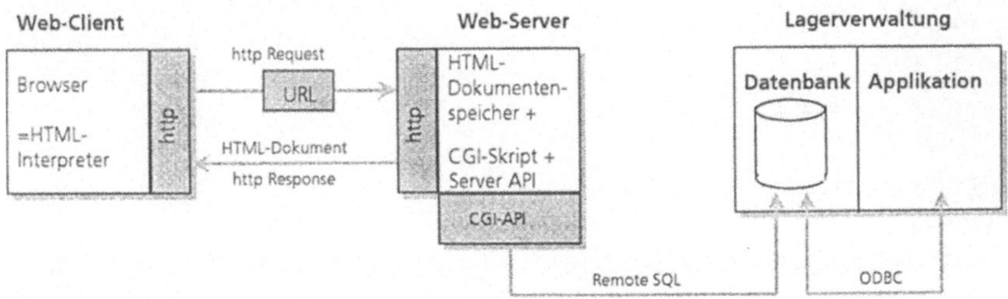

Abb. 7.7: Anbindung der Lagerverwaltung über Internetstandards

Die Präsentationsebene wurde auf dem Web-Server entsprechend der Informationsstruktur realisiert. Der Anwender greift über den Web-Client mit dem http Request auf den Web-Server zu, und interagiert ausschließlich mit diesem. Auf dem Web-Server wurde als zweites die Applikationsschicht in Form von Methoden der Business Objects implementiert. Diese wurden informationstechnisch als CGI realisiert und werden über den http Request angestoßen. Die Systemebene wurde auf einem weiteren Server implementiert, auf dessen Datenbank über Remote SQL zugegriffen wird.

Bei der Integration der Lagerverwaltung wurde - neben der funktionalen Integration – großer Wert auf Softwareergonomie in Oberfläche und Dialog gelegt. Es wurden sowohl Gestaltungsregeln als auch ein Styleguide erstellt, die dann durchgängig für alle Dialoge und integrierten Systeme angewandt wurden. Die Benutzungsoberfläche - hier speziell der Dialog mit der Lagerverwaltung - ist somit für den Benutzer nicht fremd sondern durchgängig. Die Durchgängigkeit wird durch die objektorientierte Modellierung von Dialogschicht (Informationsstruktur) und logischer Applikationsschicht (Business Objects) unterstützt. Die Änderung des Lagerbestandes durch den Benutzer erfolgt in derselben Dialogmaske des Produktionsinformationssystems - durch Angabe der Anzahl entnommener Teile aus dem entsprechenden Lager. Das tatsächliche Ändern in der Datenbank der Lagerverwaltung wird durch die Methoden des Business Objects *Teil/Bauteil* erledigt.

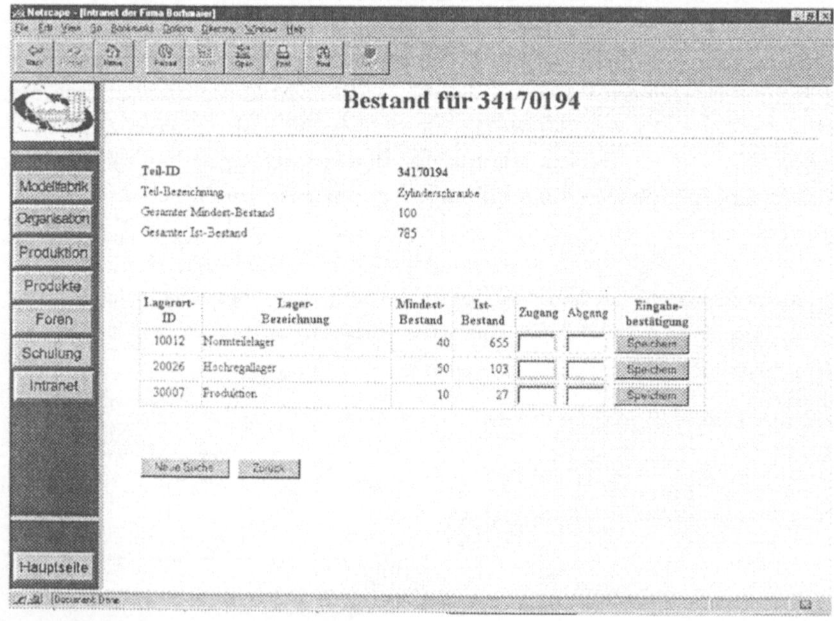

Lagerort-ID	Lager-Bezeichnung	Mindest-Bestand	Ist-Bestand	Zugang	Abgang	Eingabebestätigung
10012	Normteilelager	40	655			Speichern
20026	Hochregallager	50	103			Speichern
30007	Produktion	10	27			Speichern

Abb. 7.8: Zugriff auf die Lagerverwaltung

Die in der Dialogmaske Lagerbestand (Abb. 7.8) verwendeten Business Objects sowie deren Methoden und indirekt deren Daten werden hier im folgenden beispielhaft beschrieben.

Business Objects (BOs)

Teil/Bauteil; Baugruppenstückliste

(in dieser Dialogmaske verwendete) Methoden des BO Teil/Bauteil

Auslesen Lagerbestand

Ändern Lagerbestand

(nur über diese Methoden greifbare) Daten des BO Teil/Bauteil

Teilenummer, Identnummer, Bezeichnung, Lagerort, Anzahl, Mindestbestand

Die mangelnde Interoperabilität zu bestehenden Anwendungen - die Hauptproblematik der Internetstandards - war aus informationstechnischer Sicht eines der größten Hauptprobleme der Realisierung des konzeptionellen Ansatzes. Das Applet - einmal inklusive des Java-ORBs vom Server geladen ist - kommuniziert lediglich mit Objekten, die auf demselben Server liegen. Dies beruht auf Sicherheitsrestriktionen der Virtual Machine, in der die Java-Applets im Browser ablaufen. Die Einschränkung geht so weit, daß exakt die selbe URL in symbolischer Form vom Applet als Name verwendet werden muß - selbst die Angabe als IP-Nummer wird nicht akzeptiert. Für die informationstechnische Realisierung des konzeptionellen Ansatzes wurden drei mögliche Lösungen angedacht, von denen dann eine realisiert wurde.

Eine Möglichkeit wäre die Verwendung eines HTML-Browsers gewesen. Denn dieser verwendet einen Security-Manager, der die Verbindung zu anderen Hosts gestattet. Der Nachteil dieser Lösung wäre jedoch gewesen, daß jeder Standard HTML-Browser die Appletsecurity-klassen verwendet. Der Security-Manager hätte infolgedessen umprogrammiert werden müssen, was eine Einschränkung der Verwendung von Standardbrowsern zur Folge gehabt hätte.

Die zweite Möglichkeit hätte darin bestanden, aus der clientseitigen Integration eine server-seitige Integration zu machen. Der Client hätte über seinen Java-ORB Verbindung zu den CORBA-Objekten aufgenommen. Hierbei hätten alle CORBA-Objekte auf diesem Webserver installiert sein müssen, was die Flexibilität, die Verteilung und die Performanz einer solchen Lösung zu stark eingeschränkt hätte.

Die dritte Möglichkeit war die Verwendung von Proxyobjekten; im Rahmen der Anforderungen an Performanz, Verteilung, Flexibilität und Einsatz von Standards war dies die beste Lösung. Proxyobjekte sind Objekte, die Schnittstellen zu den eigentlichen CORBA-Objekten bilden. Diese leiten die Anfragen nach den Diensten an die CORBA-Objekte weiter. Die Ergebnisse der CORBA-Objekts werden wiederum an den Client zurückgesendet. Hierdurch wird ein Kompromiß erreicht. Die CORBA-Objekte können beliebig verteilt sein, solange ein zugehöriges Proxyobjekt auf dem Proxyserver installiert ist, der direkt mit dem Client kommuniziert.

Die Anbindung der Stücklistenverwaltung wurde mit den CORBA-Standards über die Proxyobjekte realisiert. Hierbei wurden die Vorteile des gemeinsamen Objektmodells von Java und CORBA zur Entwicklung verteilter Anwendungen deutlich. Die Anwendungsdefinition konnte von der Anwendungsimplementierung getrennt werden. Dadurch konnten unterschiedliche Implementierungen (z.B. Altsystem und neu realisierte Applikation) für eine Anforderungsdefinition (Business Object) realisiert werden. Die Anforderungsdefinition (Business Object) wurde mit der Java Interface Definition Language (IDL) standardisiert festgelegt.

Die Gesamtapplikation der Stücklistenverwaltung wurde in drei Teilen realisiert: dem Java-Applet (funktionaler Teil der HTML-Seite), dem in Java geschriebenen Proxyobjekt (Vermittlungsfunktion) und dem C++ CORBA-Server-Objekt (Kapselung der bestehenden Stücklistenverwaltung). Das Proxyobjekt verwendet zum Ansprechen des CORBA-Server-Objekts einen einfachen Naming-Service, bei dem die Angabe des Server-Objekt-Namens genügt. Auf einen dynamischen Naming-Service wurde hier aufgrund der mittelfristig langlebigen Namens- und Serverstruktur verzichtet.

Problematisch können die erhöhten Ladezeiten werden, welche die zusätzliche Kommunikation über die Proxyobjekte benötigt. Dies war in unserem Fall nicht relevant, da im Intranet eine ausreichende Bandbreite zur Verfügung stand.

Die Lagerverwaltung wurde mit den Internetstandards serverseitig über CGI integriert, was zwar die bereits genannten Probleme der fehlenden Verteilung, der Sicherheitsproblematik und der schlechten Performanz hatte, die Performanz im Intranet jedoch ließ keine Wünsche offen. Auch die Sicherheitsproblematik sowie die Verteilung der Applikationen waren bei der internen Lösung nicht relevant, da sämtliche Lagerdaten auf einer (internen) Datenbank abgelegt waren.

Die Realisierungsaufwand war dabei deutlich geringer, als er bei der Anbindung über die CORBA-Standards gewesen wäre. Diese Lösung entspricht daher einer typischen Schnittstellenlösung. Voraussetzung dazu war die Kenntnis beider Applikationen inklusive deren Datenstruktur.

Problematisch ist hier allerdings der direkte Zugriff auf die Daten der Lagerverwaltung. Weder die Transaktionssicherheit noch die Datenintegrität innerhalb der Lagerverwaltung ist gewährleistet, da auch schreibende Zugriffe erlaubt werden. Diese Integration sollte in Zukunft noch verbessert werden, und deswegen über CORBA-Standards erfolgen. Damit bliebe die Logik der Applikation noch intakt, während der Zugriff auf die Methoden der Applikation durch den Object Request Broker gewährleistet werden würde.

7.5 Integration der Stücklistenverwaltung über CORBA und Java

Die CORBA-Architektur kommt der hier entwickelten Architektur verteilter Objekte sehr entgegen. Aus Architektursicht ist die Implementierungsunabhängigkeit durch die Beschreibung der Objekte mit der Interface Definition Language (IDL) sehr brauchbar. Aus Realisierungssicht ist die Kommunikationsunterstützung zwischen verteilten Objekten durch den Object Request Broker (ORB) und die unterstützenden Services sehr gut einsetzbar.

Der logische Aufbau der Kommunikation ist in Abb. 7.9 dargestellt. Die Dialogebene ist hier sowohl logisch wie auch physikalisch (getrennte Server) von der Applikationsschicht der Business Objects getrennt. Der Benutzer arbeitet auf der Dialogebene mit für ihn transparenten Funktionen der Stücklistenverwaltung. Diese werden in der Applikationsschicht auf dem Proxy-Server über gekapselte Einheiten (Business Objects) als wohldefinierte Schnittstellen zur Verfügung gestellt. Die Funktionen selbst laufen auf einem dritten Server (der eigentlichen Stücklistenverwaltung) ab.

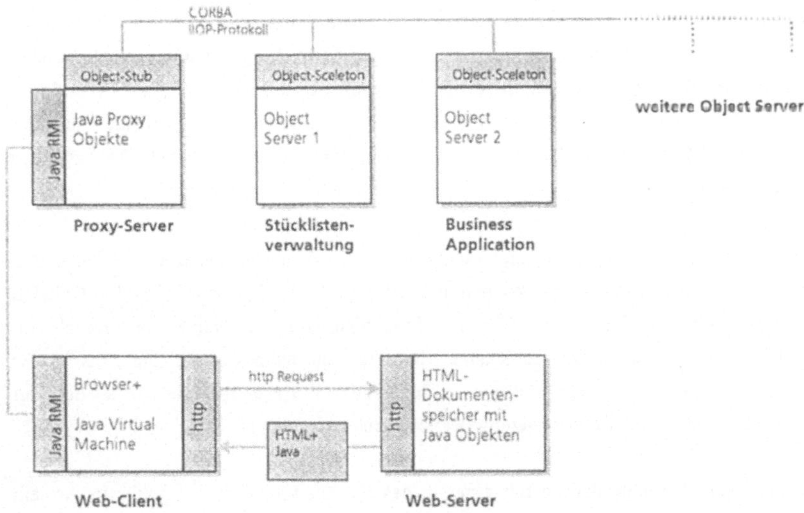

Abb. 7.9: Anbindung der Stücklistenverwaltung über CORBA-Standards

Die informationstechnische Anbindung zwischen Nutzer und Dialogebene wurde mit den Internetstandards http-Request und Java realisiert. Die Kommunikation zwischen Dialogebene und Applikationsschicht erfolgt über Java-RMI (Remote Method Invocation), wobei die Java-Proxyobjekte (Applets) nicht von demselben Server wie die Dialogebene geladen werden dürfen.

Die Kommunikation zwischen Proxy-Objekten und der eigentlichen Implementierung erfolgt über das IIOP (Internet Inter ORB Protocol), das zwischen unterschiedlichen ORBs standardisiert verwendet wird.

Die Kommunikation mit den Business Objects der Applikationsschicht ist für den Benutzer transparent und wird durch den Object Request Broker unterstützt, der diesem die Business Objects (bzw. deren Methoden) transparent zur Verfügung stellt. Die physikalische Trennung zwischen Dialogebene (Web-Server) und Applikationsschicht (Proxy-Server) ist aufgrund der Sicherheitsrestriktionen von Java notwendig. Denn Java läßt den Zugriff lediglich auf Objekte zu, die auf demselben Server liegen wie das geladene Applet. Alle Systeme und deren Applikationen - die über Applets mit der Dialogebene verbunden sind - müßten auf demselben Server installiert sein, was jedoch gegen alle Praxiserfahrung spricht.
Die Proxies sind somit die wohldefinierten Schnittstellen (Business Objects) der integrierten Systeme. Die Proxies wurden auf dem Server installiert, der über den ORB mit den Objektservern kommuniziert. Die Beschreibung der Proxies enthält dabei alle Methoden, die von außen genutzt werden können.

Die Kommunikation zwischen den Proxies und den gekapselten Applikationen der anderen Systeme erfolgt über den Object Request Broker. Auf Seite der gekapselten Applikationen wird ein Object-Sceleton, und auf Seite der Proxyobjekte ein Java-Stub generiert. Somit können die Objekte (Business Objects und gekapselte Applikationen) miteinander über das Internet Inter ORB Protokoll (IIOP) kommunizieren, ohne voneinander den Ort bzw. den Server zu kennen.

Die Objekte der Objektserver sind implementierungsunabhängig mit der Interface Definition Language (IDL) beschrieben und können entweder in C++, C, PASCAL oder COBOL implementiert sein. Bei einer objektorientierten Implementierung liegt ein Klassenmodell vor, dessen Beschreibung den einzelnen Klassen der IDL sehr nahe kommt. Die Klassen der Stücklistenverwaltung wurden in C++ implementiert. Anschließend wurde der zur Kommunikation mit dem ORB notwendige Object-Sceleton erzeugt.

Der Ablauf einer Kommunikation mit einer in das System integrierten Applikation ist ein mehrstufiger Prozeß:

- Der Browser auf dem Web-Client fordert die Dialogobjekte (Webseite) über http-Request vom Web-Server an. Der Browser erkennt beim Laden der Webseite, daß zusätzliche Teile geladen werden müssen und lädt die Java-Proxyobjekte sowie die ORB-Klassen - beide in der HTML-Seite beschrieben - vom Proxy-Server. Erst dann ist der Client in der Lage, Dialoge durchzuführen und Funktionen anzustoßen.

- Im Vorfeld wurden durch die Objekt-Server die jeweils dort laufenden Objekte (Applikationen) geladen und bei dem Object Request Broker (ORB) angemeldet. Durch die Anmeldung beim ORB sind die Objekte nun transparent über die Proxyobjekte verfügbar.

- Der Aufruf einer Funktion beim Web-Client löst dann wiederum eine Kommunikation der Java-Klassen mit den Proxyobjekten aus. Die Proxyobjekte kommunizieren ihrerseits über den Object Request Broker mit den Objekten der Applikation auf dem Objektserver. Die Objekte führen Funktionen (Methoden) auf den gekapselten Daten aus und liefern die Ergebnisse über den ORB an die Proxyobjekte. Diese Proxyobjekte kommunizieren mit den Applets im Browser des Web-Client.

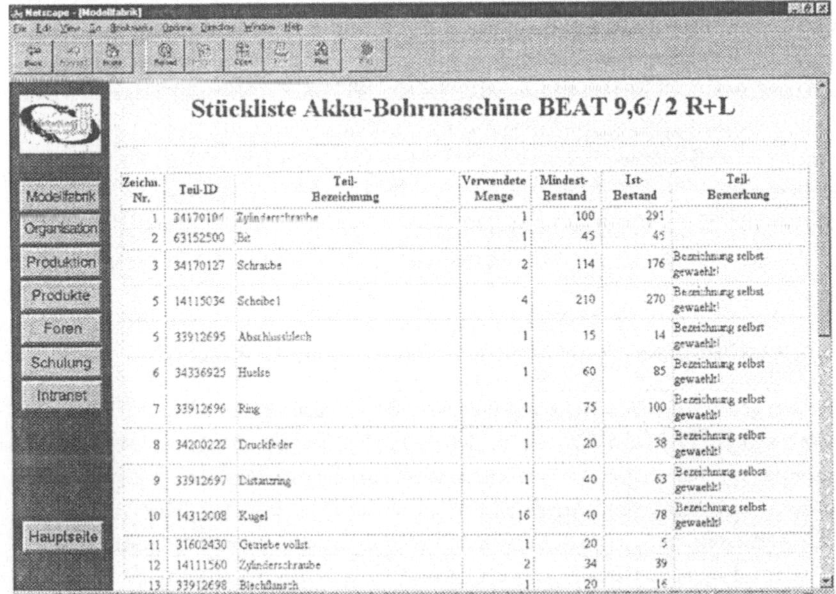

Stückliste Akku-Bohrmaschine BEAT 9,6 / 2 R+L

Zeichn. Nr.	Teil-ID	Teil-Bezeichnung	Verwendete Menge	Mindest-Bestand	Ist-Bestand	Teil-Bemerkung
1	34170104	Zylinderschraube	1	100	291	
2	63152500	Bit	1	45	45	
3	34170127	Schraube	2	114	176	Bezeichnung selbst gewaehlt!
5	14115034	Scheibe 1	4	210	270	Bezeichnung selbst gewaehlt!
5	33912695	Abschlussblech	1	15	14	Bezeichnung selbst gewaehlt!
6	34336925	Huelse	1	60	85	Bezeichnung selbst gewaehlt!
7	33912696	Ring	1	75	100	Bezeichnung selbst gewaehlt!
8	34200222	Druckfeder	1	20	38	Bezeichnung selbst gewaehlt!
9	33912697	Distanzring	1	40	63	Bezeichnung selbst gewaehlt!
10	14312008	Kugel	16	40	78	Bezeichnung selbst gewaehlt!
11	31602430	Getriebe vollst.	1	20	5	
12	14111560	Zylinderschraube	2	34	39	
13	33912698	Blechflansch	1	20	16	

Abb. 7.10: Zugriff auf die Stücklistenverwaltung

Für den Benutzer des Produkt- und Produktionsinformationssystems ist auch hier das Aussehen der Benutzungsoberfläche sowie die Interaktion mit der - über CORBA-Standards integrierten - Stücklistenverwaltung (Abb. 7.10) einfach und durchgängig.

7.6 Informationstransparenz und Kommunikation

Neben der Fähigkeit bestehende DV-Systeme zu integrieren, war Informationstransparenz die zweite große Anforderung, die aus der Untersuchung des DV-Einsatzes in der Fertigungsindustrie erschlossen wurde. Würden beide Anforderungen erfüllt, wären die Unternehmen in die Lage versetzt, produkt- und produktionsrelevante technische Informationen zu verteilen, oder diese nach dem Hol-Prinzip transparent verfügbar zu machen. Die Realisierung der Informationstransparenz erfolgte in den Bereichen der allgemeinen Interaktion mit dem Montageinformationssystem sowie in der technischen Kundenberatung.

Die allgemeine Interaktion basiert auf der Verwendung der Internetstandards für die Kommunikation sowie dem Browser als Frontend für den Benutzer. Die dadurch erreichte Plattformunabhängigkeit ermöglicht den Informationszugriff über Macintosh, PC sowie neuerdings auch über Netzcomputer. Beim Montageinformationssystem wurden zwei Stationen mit Netzcomputern (NC), und zwei mit üblichen Pentium-PCs ausgestattet. Auf beiden Plattformen erhält der Benutzer dieselbe Information und interagiert in derselben Benutzungsoberfläche mit dem Montageinformationssystem - auch wenn die dahinter liegende Browseroberfläche unterschiedlich ist (HotJava bei den NCs und Netscape bei den PCs).

Die technische Kundenberatung wurde in Form von Anwenderforen realisiert. Für den Prozeß der Ersatzteilbestellung wurde die Ersatzteilidentifikation funktional realisiert.

Im folgenden wird auf die Realisierung der überbetrieblichen Kommunikation näher eingegangen.

7.6.1 Überbetriebliche Kommunikation mit Kunden und Anwendern

Für den Kunden, den Anwender der Produkte Akku-Schrauber und Akku-Sander, wurden Foren (Abb. 7.11) eingerichtet, die nach dem Prinzip der „Frequently Asked Questions" strukturiert wurden. Ziel dieser Foren ist eine Entkopplung von Ort, Zeit und Person - der Anwender kann sich informieren wann und wo immer er möchte. Auf diese Weise werden häufig vorkommende Fragen zur Anwendung der Produkte mit moderner Informationstechnik strukturiert dargestellt. Dadurch wird die interne Kundenberatung von einfachen Beratungen entlastet. Das Hauptproblem hierbei war die geeignete Strukturierung der Inhalte, so daß der Benutzer schnell und einfach die gewünschte Anwort auf seine Frage finden kann. Pflege und Aktualisierung des Informationsgehalts wurde hier nicht berücksichtigt, wären jedoch für eine Akzeptanz von großer Bedeutung.

Erste Realisierungen - die diesem Prinzip der Foren sehr nahe kommen -, laufen derzeit bei Siemens Erlangen. Dort wird im Bereich der Prozeßsteuerungen (Simatik) eine Webdatenbank aufgebaut, in der Informationen zum Einsatz und Betrieb der Produkte strukturiert abgelegt sind.

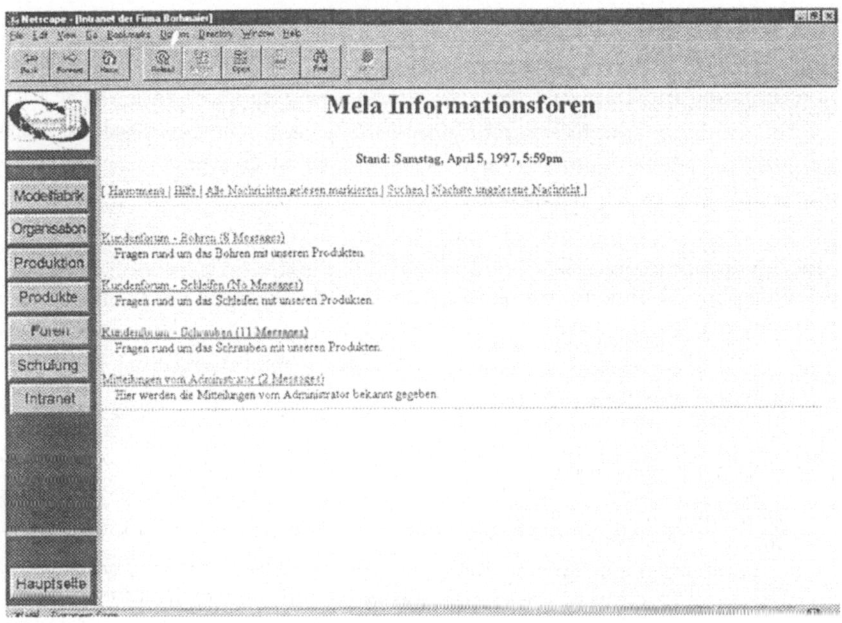

Abb. 7.11: Kommunikation mit dem Kunden über Anwendungsforen

Strukturierung und Pflege dieses Anwendungswissens wird durch das Unternehmen geleistet. Es bietet dem Anwender seiner Produkte einen schnellen zusätzlichen Informations- und Kommunikationskanal.

Die unternehmensinterne Verwendung dieses Kommunikationsmittels hat die Funktion eines „schwarzen Bretts", auf dem Informationen für unterschiedliche Funktionsträger transparent abgebildet sind. Bei den Foren gibt es darüber hinaus die Möglichkeit, den internen Nutzer auf noch nicht gelesene Nachrichten in seinem Funktionsbereich hinzuweisen. Auf diese Weise kann intern eine gezielte Benutzerinformation und -führung erfolgen.

7.6.2 Interaktion mit der Benutzungsschnittstelle

Die Akzeptanz eines Produktionsinformationssystems wird durch die aufgaben- und benutzergerechte Gestaltung der Benutzungsschnittstelle bestimmt. Die Realisierung dieser Benutzungsschnittstelle war geprägt von der Integration mehrerer Informationssysteme sowie von der bereichs- und unternehmensübergreifenden Informationstransparenz und Kommunikation. Diese Anforderungen wurden in Form von Gestaltungsregeln formuliert, deren Realisierung im folgenden erläutert wird.

- Hol-Prinzip für die Information
Die Navigation wurde für den Benutzer durchgängig und einfach gehalten. Die Dialoge entsprechen alle dem Hol-Prinzip, so daß keine Zwangsführung des Benutzers gegeben ist. Der Seitenaufbau orientiert sich an einem 17" - Monitor, so daß der gesamte Inhalt einer Dialogseite ohne Scrollen darstellbar ist.

- Keine Informationsüberladung
Zusatzinformationen wurden grundsätzlich als sensitive Flächen hinter die zugehörigen Objekten (z.B. in Abb. 7.12 die Bezeichnung und Nummer eines Ersatzteils auf der Explosionszeichnung) oder Bereichen gelegt. Das Aufrufen dieser Zusatzinformation erfolgt über den Mausklick auf die sensitive Fläche. Das Schließen dieses Fensters wird durch einen weiteren Mausklick auf die Zusatzinformation initiiert.

- Wahlfreier Informationszugriff – sequenziell sowie auch selektiv
Bei einer Informationssequenz, wie der Beschreibung der Einzelarbeitsgänge im Montagevorranggraph, ist sowohl ein sequentielles Durchblättern der Einzelarbeitsgänge, als auch ein selektiver Zugriff auf einen bestimmten Einzelarbeitsgang möglich. Dadurch können die Informationen zu Qualifizierungsaufgaben sequentiell abgerufen werden. Im normalen Alltagsbetrieb wird hingegen der selektive Zugriff (z.B. der Einbau eines länderspezifischen elektrischen Teils) überwiegen.

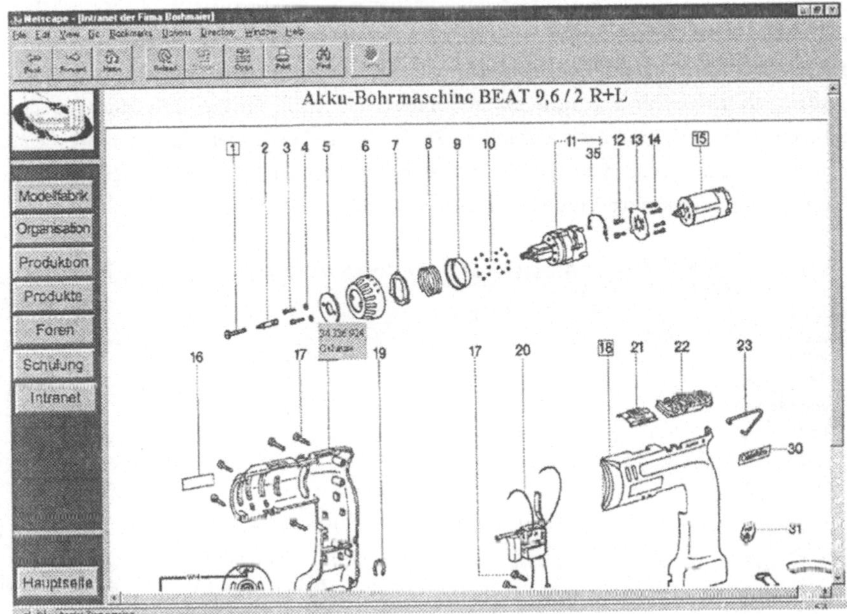

Abb. 7.12: Explosionszeichnung der Akku-Bohrmaschine mit Bezeichnung und Teilenummer des Gehäuses

- Einfache Interaktion

Die Bedienung über Touch-Screen ist auch möglich. Hierbei übernimmt die sensitive Bildschirmoberfläche die Funktion der Maus als Zeigeinstrument. Da einige alphanumerische Eingaben (z.B. Teilenummer oder Lagerort) notwendig sind, erscheint - beim Berühren der Eingabefläche eine virtuelle Tastatur auf dem Bildschirm. Über diese Tastatur kann dann die alphanumerische Eingabe erfolgen.

- Übersichtlichkeit der Dialoge

Das Hauptmenü, das der Informationsstruktur entspricht, ist - mit Ausnahme des Bereichs Produktion - immer sichtbar. Daher kann sehr schnell zwischen deren Inhalten gesprungen werden.

- Gezielter Medieneinsatz bei komplexen Informationen

Aus Gründen der Aufgaben- und Benutzerangemessenheit wurden im Montageinformationssystem die Medien: Text, Bild, Bildsequenz und Audio eingesetzt. Die Auswahl der einzusetzenden Medien mußte aus Sicht der Angemessenheit erfolgen. Die Zuordnung zu den Business Objects blieb davon unberührt. So kann ein Teil/Bauteil entweder über eine Zeichnung, eine alphanumerische Beschreibung oder ein Bild dargestellt werden - das Business Object ist in allen Darstellungsfällen das Teil/Bauteil.

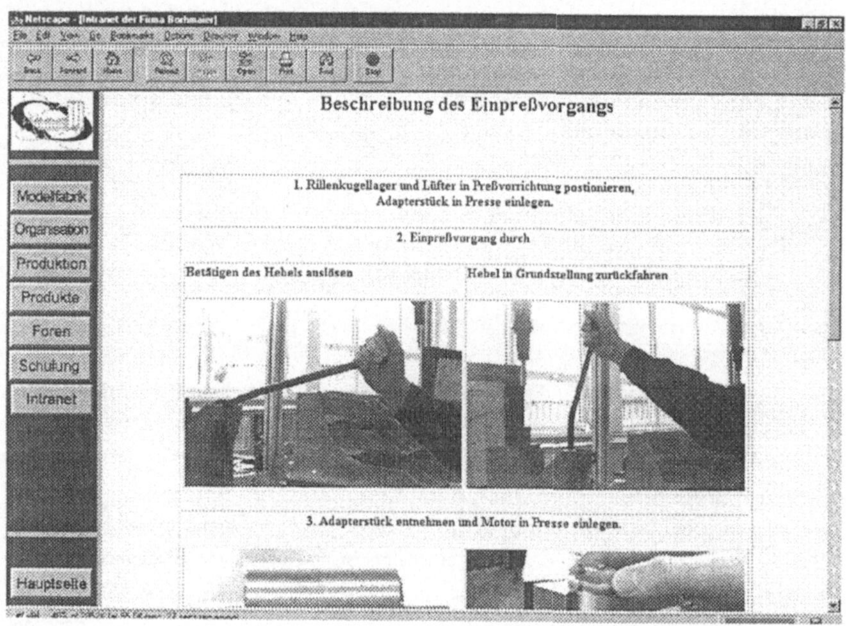

Abb. 7.13: Medieneinsatz im Bereich Schulung zur Unterstützung des Einpreßvorgangs

Bildsequenzen und Audio wurden vornehmlich im Schulungsbereich verwandt. Hierbei wurden die im Montageprozeß notwendigen Qualifikationen wie Pressen (vgl. Abb. 7.13: die Bedienung der Kniehebelpresse), Löten und Schrauben dokumentiert und zum Teil mit erklärenden Texten (Audio) versehen.

7.7   Reaktion von Verantwortlichen aus Fertigungsunternehmen

Das Montageinformationssystem steht in der Modellfabrik des Fraunhofer IAO und wird dort zur informationstechnischen Unterstützung der Montage von Akku-Bohrern und Akku-Sandern eingesetzt. Bereits nach kurzer Einführung in die Interaktion mit dem Montage-informationssystem waren die Benutzer in der Lage die von ihnen geforderten Montage-tätigkeiten zu erledigen. Sehr lobend wurde der Bereich der Schulung aufgenommen, in dem gesamte Vorgänge per Bildsequenz (Video) abrufbar sind,. Die direkte Verbindung über Links zu den Arbeitsplänen der beiden Produkte ermöglichte dem Benutzer ein einfaches Springen zwischen den Bereichen der Benutzungsoberfläche.

Das Montageinformationssystem wurde auf institutsinternen Foren sowie nationalen und internationalen Messen vorgestellt. Die DV-Verantwortlichen hatten anfangs Probleme zu verstehen, daß die Internetstandards im Fertigungsumfeld verwendet werden können. Mit dem Internet wird meist der Dienst des WWW (World Wide Web) verbunden und nicht die hierin eingesetzten weltweiten Standards für Datenformate, Dienste und Protokolle. Die Verwen-dung des Internet - als Softwaretechnik zur Kommunikation mit den betrieblichen Informationssystemen - fand dann jedoch durchweg große Zustimmung. Problematisch hier-bei ist jedoch, daß innerhalb der Unternehmen über die Anwendungen und Möglichkeiten der Internetstandards nicht genügend Kenntnisse vorhanden sind.

Im Bereich der Middleware ist die Kenntnis - speziell CORBA - sowie das Anwendungswissen (der DV-Verantwortlichen im Fertigungsumfeld) für seine Umsetzung noch geringer, obwohl bereits die zweite Generation von CORBA-Produkten auf dem Markt ist. Weitere realisierte Anwendungen (Internetstandards und CORBA) sind im Fertigungsumfeld und im Service gefragt und werden von uns angegangen.

8 Zusammenfassung und Ausblick

In der vorliegenden Arbeit wurde ein integriertes Montageinformationssystem konzipiert und an einem Montageumlaufband für Akku-Sander und Akku-Bohrschrauber realisiert. Basis des integrierten Montageinformationssystems ist ein Integrationskonzept für heterogene DV-Systeme in Fertigungsunternehmen, das Dialogschicht, logische Applikationsschicht und DV-Systemschicht trennt. Ziel des integrierten Montageinformationssystems ist die Unterstützung der Montageprozesse sowie zum anderen die Integrations- und Migrationsfähigkeit für vorhandene DV-Systeme in Fertigungsunternehmen.

Anforderungen an DV-Systeme in Fertigungsunternehmen wurden aus organisatorischer, informationstechnischer und betriebsspezifischer Sicht aufgenommen, und wurden durch im Fertigungsumfeld verwendete technische Informationen und Dokumente zu einem Gesamtanforderungskatalog ergänzt.

Der State-of-the-art der Integrationskonzepte sowie nationale und internationale Standardisierungsbemühungen wurden aus Literatur und Internet zusammengetragen. Auf dieser Basis wurde ein neues Integrationskonzept erarbeitet, das die Trennung in Schichten verwendet. Die entwickelte Architektur verteilter Objekte besteht aus einer unternehmensspezifschen Informationsstruktur und einem unternehmensneutralen Modell der Business Objects. Die Informationsstruktur und das Modell der Business Objects wurden zusammen mit einem Vorgehensmodell erarbeitet, das Phasen, Methoden und Werkzeuge benennt. Das Anwendungsfeld für Vorgehensmodell und Architektur verteilter Objekte ist das realisierte integrierte Montageinformationssystem.

Durch die Trennung der Benutzungsoberfläche von einer logischen Applikationsschicht (den Business Objects) konnte eine langlebige und unternehmensneutrale Mittelschicht realisiert werden. Diese legt auf Seiten der Business Objects deren Schnittstellen fest und macht diese Business Objects dem Applikationsentwickler transparent verfügbar. Dadurch kann die Benutzungsoberfläche den Anforderungen der Benutzer an Prozeßunterstützung angepaßt werden (Informationsflexibilität) – und das unter Verwendung der bestehenden Altsysteme (Integrationsfähigkeit). Der Einsatz von Internetstandards bei der Anbindung der Dialogschicht an die Business Objects ermöglicht unternehmensübergreifende Prozeßunterstützung (Informationstransparenz) wie auch durch die Verwendung geeigneter Medien benutzergerechte Informationsdarstellung.

Die informationstechnische Realisierung der logischen Applikationsschicht (der Business Objects) ist die Basis für das integrierte Montageinformationssystem. Die Business Objects für die beiden Produkte (Akku-Bohrer und Akku-Sander) und die zu deren Montage notwendigen Montageabläufe wurden ausgewählt und in HTML und Java realisiert. Altanwendungen, wie die Stücklistenverwaltung und die Lagerverwaltung, wurden dabei integriert. Fehlende Business Objects wurden neu implementiert. Die Neuimplementierung wird so entsprechend der vorhandenen Kapazitäten und der festgelegten DV-Prioritäten erfolgen können.

Als Softwaretechnologien wurden sowohl Internetstandards als auch CORBA-Standards für die Kommunikation der Altanwendungen mit den Business Objects verwendet. Die Transaktionssicherheit und die Integrität der Applikationsdaten ist jedoch nur bei Kapselung in CORBA-Objekte gewährleistet. Die Kommunikation über CORBA-Standards muß mittels zusätzlicher Hardware (CORBA-Server für Proxyobjekte) über Proxyobjekte realisiert werden. Langfristig ist die Java-CORBA Integration im Vergleich zu den Internetstandards der bessere Weg, da der vorgegebene Kommunikationsrahmen im CORBA-Umfeld zum einen die standardisierte Beschreibung der Objekte im IDL-Format vorsieht, des weiteren die Kommunikation unterstützt und außerdem die Implementierung der Applikation offen läßt - was einer Integration bestehender Applikationen sehr entgegenkommt.

Die Methodenvielfalt zur Modellierung von Prozessen kann in Zukunft durch eine Standardisierung der Unified Modeling Language (UML) durch die OMG eingeschränkt werden. Damit würde für den Implementierer die Auswahl von Design-Tools sowie von Tools zur Realisierung von Klassen und Abläufen einfacher werden.

Auf der Basis der hier entwickelten unternehmensneutralen Architektur für Fertigungsunternehmen wurde ein integriertes Montageinformationssystem realisiert. Es wird in der Modellfabrik des Fraunhofer IAO betrieben. Ein weiterer industrieller Einsatz - in Form eines Produktionsinformationssystems für die Fertigung – befindet sich in der Konzeptionsphase. Das Montageinformationssystem ist betriebsbereit. Über das Internet kann jederzeit (in einer eingeschränkten Version) darauf zugegriffen werden; das Produktivsystem ist dabei durch ein Paßwort geschützt. Weitere Nutzungsszenarien wären informationstechnische Integrationen von Unternehmensstandorten oder die informationstechnische Unterstützung des weltweiten Service.

Weiterentwicklungen zur Realisierung einer CORBA-Applikationsschicht laufen im Rahmen von Forschungsvorhaben ab Frühjahr/Sommer 1998 am Fraunhofer Institut (IAO). Dabei muß die durchgängige Modellierung und Spezifikation der Business Objects mit der Interface Definition Language der nächste logische Schritt sein. Realisierungen von neuen Applikationen mit Java können hierbei die ersten Realisierungen von echten Komponenten (Components) sein, was die Softwaretechnik einen großen Schritt weiter bringen würde. Die über CORBA-Produkte angebundenen Altapplikationen können dann im Rahmen von Neu-implementierungen mittels Java - ohne Beeinträchtigung des DV-Betriebs - schrittweise ersetzt werden.

Außerdem ist die Anbindung eines SAP R/3 Systems im Bereich des Service Managements (SM-Modul) vorgesehen. Dabei werden beide Kommunikationsmöglichkeiten (die BAPIs und die direkte Kommunikation über CORBA) mit den SAP Business-Objekten in begrenztem Umfang realisiert werden.

Weitere Einsatzmöglichkeiten für diese Architektur und deren informationstechnische Realisierung sind in allen Bereichen, in denen heterogene DV-Systeme eingesetzt werden, zu finden. Für Prozesse und Prozeßketten, die unternehmensübergreifend ablaufen, sind sie besonders gut geeignet. Bei vorwiegendem Informationsabruf genügt oft schon die durchgängige Modellierung auf Basis von Business Objects und die Realisierung mit Internetstandards als Middleware.

9 Weitere Nutzungsszenarien für Integrationskonzept und Business Objects

Die Anwendungsbereiche der vorliegenden Arbeit gehen weit über das integrierte Montage-informationssystem hinaus. Sinnvoll sind sowohl Anwendungen in den produktiven, wie auch in den indirekt produktiven Bereichen oder in der Geschäftsleitungsebene. Die produktiven Bereiche (wie Fertigung, Montage, Wareneingang, Qualitätssicherung etc.) können auf Informationen der bereitstellenden, indirekt produktiven Bereiche einfach sowie personen- und zeitunabhängig zugreifen (z.B., welche aktuellen Informationen erhalten heute die Werker in der Nachtschicht?). Die indirekt produktiven Bereiche können zusammengehörende Aufgaben - auch und gerade über Systemgrenzen hinweg - zusammenfassen. Dadurch lassen sich, wie in den direkt produktiven Bereichen, Arbeitsinhalte auf Baugruppen- oder Produktebene zusammenfassen, womit der Bruch zwischen indirekt produktiven Bereichen (funktionsspezifisch) und produktiven Bereichen (produkt- oder baugruppenspezifisch) über-wunden wird. Auf der Ebene der Geschäftsleitung (GL) läßt sich eine Diskrepanz zwischen dem Bedarf an wichtigen Informationen und deren Qualität in Form, Inhalt und Aktualität beobachten. Die Aufgaben der GL erfordern Informationen aus allen Bereichen innerhalb des Unternehmens und auch von externen Stellen (wie Handelsvertretungen oder Niederlassungen in fernen Märkten). Diese Informationen können - über Standorte und Bereichsgrenzen hinweg - mit einer durchgängigen Architektur zusammengetragen, zeitaktuell ausgewertet und mit geeigneten Benutzungsoberflächen (Browser) graphisch aufbereitet werden.

9.1.1 Informationstechnische Integration verteilter Fertigungsstandorte

Ein Nutzungsszenario im direkt produktiven Bereich ist die informationstechnische Integration verteilter Fertigungsstandorte. Dies ist mit Standardsoftwareprodukten heute eingeschränkt möglich. Voraussetzung für die informationstechnische Integration ist, daß bei allen Standorten dieselbe Standardsoftware eingesetzt wird. Problematisch ist dabei die Integration heterogener, die Standardsoftware ergänzender Systeme und Applikationen. Häufig sind dies spezielle technische Systeme (wie CAD-Systeme, NC-Programmiersysteme oder CAQ-Systeme), die oft im Standalonebetrieb eingesetzt werden. Die Integration kann hier nur geschaffen werden, indem der benötigte Informationsgehalt den jeweiligen Stand-orten transparent zur Verfügung gestellt wird. Ansatzpunkt ist hier der indirekt produktive Bereich, der die direkt produktiven Bereiche mit den benötigten Informationen versorgt. Durch die Schaffung der Informationstransparenz auf die Informationsressourcen können nun `beliebig viele´ Standorte mit den benötigten Informationen `versorgt´ werden, d.h., die Standorte können selbst aktiv darauf zugreifen. Hier ist auch die Kopplung beispielsweise mit SAP R/3 über die BAPI-Schnittstellen zu sehen, wobei zentrale Informationen im R/3 gehalten werden, so daß die Standorte via Internet und BAPI-Schnittstellen zeitaktuell auf das System zugreifen können.

Dies gibt Unternehmen die Möglichkeit Produktionskapazitäten skalierbar vorzuhalten, da es von informationstechnischer Seite kein Problem darstellt, einer Produktionsstätte innerhalb kürzester Zeit Zugriff auf relevante Informationen für die Herstellung von Produkten zu gewähren. Beispielsweise kann auf diese Weise ein Produktionsstandort in einem neuen Markt etabliert und dabei informationstechnisch unterstützt werden. Der Produktionsstandort versorgt diesen Markt mit den Produkten seines Unternehmens - zu den dort marktüblichen Preisen. Die indirekt produktiven Bereiche im Stammhaus (z.B. die Konstruktion) versorgen hierbei die dezentralen Fertigungsstätten mit den notwendigen technischen Informationen.

9.1.2 Informationstechnische Unterstützung des weltweiten Service

Der Servicebereich nimmt in den Maschinenbauunternehmen eine Sonderstellung ein. Er ist ein profitabler Bereich, der einen erheblichen Deckungsbeitrag zur Gewinn- und Verlustrechnung des Unternehmens erwirtschaftet. Durch die Nähe zum Endkunden ist er für den Kunden das 'Gesicht des Unternehmens'. D.h. neben dem Produkt selbst, der Werkzeugmaschine, ist die Servicedienstleistung - in den Handlungsfeldern Inbetriebnahme, Wartung und Instandhaltung sowie Instandsetzung - zu einem wichtigen Entscheidungskriterium für oder gegen das Produkt Werkzeugmaschine geworden. Die Servicetechniker müssen mit einem hohen Maß an Komplexität umgehen können, sie müssen sowohl in den Fachgebieten Mechanik als auch Elektrik sowie Hydraulik / Pneumatik qualifiziert sein. Bei einem Markteintritt in einen für das Unternehmen interessanten neuen Markt ist die dort bereits installierte Basis an Maschinen in der Regel zu gering, um einen Servicestützpunkt innerhalb dieses Marktes wirtschaftlich zu rechtfertigen. Daher werden Servicetechniker benachbarter Länder oder des Stammhauses des Unternehmens zum Endkunden geschickt. Diese haben dort zum einen mit der Sprachproblematik, und zum anderen evtl. mit unzureichender eigener Erfahrung mit der dort installierten Werkzeugmaschine zu kämpfen.

Ein auf Basis der Business Objects realisiertes Informationssystem ist für den Anwendungsfall des Service geradezu prädestiniert - einerseits durch die logisch zentrale Informationsbasis und andererseits durch die dezentral benötigten Informationen für den Einsatzfall bzw. den Einsatzort des Servicetechnikers.

Sinnvoll ist hier ein stufenweises Vorgehen des Maschinenbauunternehmens. Im ersten Schritt sind die servicerelevanten Informationen (z.B. Ersatzteillisten, Baugruppenstücklisten, Lagerbestände von Ersatzteilen etc.) unternehmensintern transparent zur Verfügung zu stellen. Hierbei wird mit der entwickelten Architektur ein Produkt- und Produktionsinformationssystem realisiert, das Daten und Funktionen der servicerelevanten Informationssysteme integriert. Anwender des Systems ist der Serviceinnendienst, der in diesem Schritt noch über die herkömmlichen Kommunikationskanäle (Telefon, Fax) mit dem Kunden oder dem Servicetechniker kommuniziert.

In der zweiten Stufe werden Landesniederlassungen und Servicestützpunkte transparent mit dem Informationssystem im Stammhaus verbunden, so daß der dortige Serviceinnendienst den Kunden oder Servicetechniker vor Ort unterstützen kann. Hierbei wird auf informationstechnischer Seite nichts grundlegend Neues hinzugefügt - die gesamte Kommunikation einschließlich der Informationen (gekapselte Daten und Funktionen bzw. Methoden) wurde bereits im ersten Schritt realisiert.

Im dritten und letzen Schritt kann dem Servicetechniker und/oder dem Kunden Zugriff auf die servicerelevanten Informationsgehalte gewährt werden. Voraussetzung bei allen drei Realisierungsstufen ist die informationstechnische Durchgängigkeit auf den Standards des Internet ebenso aufsetzt, wie auch auf der aufgaben- und benutzerangemessenen Informationsunterstützung - in Form von einfachen Benutzungsoberflächen - und auf dem sinnvollen Einsatz von Medien. So unterstützen beispielsweise eine Explosionszeichnung oder ein Video über eine Montage (oder Einstellvorgänge) diese auszuführenden Tätigkeiten sehr effizient - und sie müssen nicht übersetzt werden.

9.1.3 Multifunktionale Kommunikationsendgeräte

In den direkt produktiven Bereichen existiert eine Vielzahl an Kommunikationsendgeräten: Maschinensteuerungen, BDE-Terminals, CAQ-Plätze etc. Die Unternehmen sind in der Regel gezwungen, mit der benötigten Funktionalität (z.B. Betriebsdatenerfassung) auch die zugehörigen Kommunikationsendgeräte (z.B. BDE-Terminals) zu erwerben. Die vorliegenden Endgeräte sind vorwiegend auf eine Funktionalität hin ausgelegt und somit nicht flexibel einsetzbar, was einen entsprechend höheren Nutzungsgrad ermöglichen würde.
Aus Kostengesichtspunkten ist es für die Unternehmen günstiger, wenige multifunktionale Kommunikationsendgeräte vorzuhalten, die sämtliche Medien - aufgaben- und benutzerangemessen - darstellen können und durch den höheren Nutzungsgrad schneller gegen technisch höherwertige Endgeräte (höhere Auflösung, bessere Interaktion - Touch-Screen, etc.) ausgetauscht werden können. Als Endgeräte kommen die in Bälde käuflichen Netzcomputer von Sun Microsytems, IBM oder Oracle in Verbindung mit einem Browser in Betracht, da sie die Anforderungen in Puncto Mediendarstellung und Preis (vergleichbar mit guten BDE-Terminals) erfüllen können. Selbst die Werkzeugmaschinensteuerungen sind bald in der Lage als Kommunikationsendgeräte zu dienen. Voraussetzung bei den Steuerungen ist jedoch ein 32-Bit Betriebssystem (wie Windows 95, Windows NT oder UNIX) des Bedienfeldrechners, da die heutigen javafähigen Browser (Netscape Navigator oder Microsoft Explorer) dies voraussetzen.

10 Literaturverzeichnis

/Adam93/ Adam, D.(1993): Planung und Entscheidung. Modelle - Ziele - Methoden. 3. Aufl.;
Wiesbaden: Gabler

/Alt94/ Alt, R.; Klein, S.; Kuhn, C. (1994): Electronic Coordination Mechanisms for Service
Task Allocation. In: Baskerville, R.; Smithson, S.; Ngwenyama, O.; DeGross, J.I.
(Hrsg.): Transforming Organizations with Information Technology, Amsterdam:
North-Holland, S.199-217

/Ba88/ Balzert, H.; Hoppe, H.U. (1988); Opperman, R.; Peschke, H.; Rohr, G.; Streitz, N.A.
(Hrsg). Einführung in die Software-Ergonomie. Berlin, New York: Walter de
Gruyter

/Beck95/ Becker, J. (1995): Grundsätze ordnungsgemäßer Modellierung. In:
Wirschaftsinformatik 37, S. 435-445

/Blei91/ Bleicher, K. (1991): Organisation: Strategien-Strukturen-Kulturen. Gabler, 2.Aufl.,
Wiesbaden: Gabler

/Boo91/ Booch, Grady (1991): Object Oriented Design. Redwood City, California: The
Benjamin/Cummings Publishing Company.

/BoJaRu97/ Booch, G.; Jacobson, I.;Rumbaugh, J. (1997): Unified Modeling Language 1.0
(UML). Rational, Inc., http://www.rational.com

/Bu90/Bullinger, H.-J. (1990): Wettbewerbsvorteile durch Software-Ergonomie. In: Bullinger,
H.-J. (Hrsg.): Software-Ergonomie in der Praxis. IAO-Forum 27.11.1990. Berlin,
Heidelberg: Springer

/Bu92/ Bullinger, H.-J. (1992): Neue Produktionsparadigmen als betriebliche
Herausforderung. In: Bullinger, H.-J. (Hrsg): Innovative Unternehmensstrukturen.
Berlin, Heidelberg: Springer

/Bu94/ Bullinger,H.-J. (1994): Schlankes Informationsmanagement. Betriebswirtschaftliche
Blätter 43 8,S.395-403

/Bu95/ Bullinger,H.-J. (1995): Prozeßmanagement. In: Handbuch Unternehmensführung:
Konzepte, Instrumente, Schnittstellen/ Hans Corsten;Michael Reiss(Hrsg.).
Wiesbaden: Gabler, S.779-790.

/BuFäGrZi96/ Bullinger, H. J.; Fähnrich, K.-P.; Groh, G.; Ziegler, J. (1996): Objekte und
Aufgaben als Modelliervorlage. In: Computerworld 27/1996.

/BuFäHoNo95/ Bullinger,H.-J.; Fähnrich,K.-P.; Hoof.A.; Nostdal, R. (1995):
Produktivitätsfaktor Information. In: Data Warehouse und seine Anwendungen
Data Minig, OLAP und Führungsinformationen im betrieblichen Einsatz; IAO-
Forum mit Anwenderberichten 7./8.November 1995, Stuttgart: IRB-Verlag, S.11-
30

/BuFäKo95/ Bullinger,H.-J.; Fähnrich, K.-P.; Kopperger, D. (1995): Component Ware. In:
Dokumenten- und Workflowmanagement: Integration von Bürokommunikation,
Dokumentenmanagement und Workflow in Client/Server-Welten; IAO-Forum;
18.Mai 1995, Stuttgart: IRB-Verlag, S.11-68

/BuFäTh92/ Bullinger, H.-J.; Fähnrich, K.-P.; Thines, M. (1992): Werkstattorientierte
Produktionsunterstützung. Fortschrittliche Betriebsführung und Industrial
Engineering (FB/IE), Nr. 4, S.167-171

/BuFäTh94/ Bullinger,H.-J.; Fähnrich, K.-P.; Thines, M.; Ilg, R.; Koller, F. (1994): Vermittler
zwischen Mensch und Maschine: Teil 2; Multimediaeinsatz bei
Werkstattinformationssystemen. Technica 43, S.29-32

/BuRo95/ Bullinger,H.-J.; Roos,A.W. (1995): Auswirkung der Informationstechnologie auf
die Unternehmensführung, ein Zukunftsszenario. Potential Nr.12; München:
Wieselhuber & Partner, S.29-30.

/BuWa90/ Bullinger, H.-J.; Wasserloos, G. (1990): Reduzierung der
Produktentwicklungszeiten durch Simultaneous Engineering. CIM Management,
Heft 6, S.4-12

/Che76/ Chen, P. (1976): The Entity-Relationship-Model - Towards a Unified View of Data.
ACM Transactions on Database Systems, Vol. 1; No. 1, 1976, 9-36

/CIMOSA90a/ Jorysz, H.R. and Vernadat, F.B. (1990): CIM-OSA Part 1: total enterprise
modelling and function view, International Journal of Computer Integrated
Manufacturing, Vol. 3, Nos. 3 and 4, pp. 144-156.

/CoYo91/ Coad, P.; Yourdon,E, (1991). Object Oriented Analysis, 2nd Edition. Englewood
Cliffs, New Jersey: Prentice-Hall

/DaSh90/ Davenport, Th.; Short, J.E. (1990): The Industrial Engineering: Information
Technology and Business Process Design. In: Sloan Management Review. 31
S.11-27

/Dave93/ Davenport, Th. (1993): Need radical Innovation and Continuous Improvement?
Integrate Process Reengineering and TQM. In: Planning Review 21, S6-12

/DeMa79/ DeMarco, T. (1979): Structured Analysis and System Specification. Englewood
Cliffs, New Jersey: Prentice-Hall.

/Dig94/ Digital Equipment Corporation (1994): Common Object Model for Object Broker an
OLE. http://www.dec.com/info/Customer-Update/940208002.-txt.html

/DIN66215/ DIN-Norm 66215 – Teil 1 (1974): 08.74 Programmierung numerisch gesteuerter
    Arbeitsmaschinen; CLDATA, Allgemeiner Aufbau und Satztypen (Deutsches
    Institut für Normung e.V.) Berlin: Beuth Verlag

/ISO9735/ ISO-Norm 9735 (1988): Electronic data interchange for adiministration, commerce
    and transport (EDIFACT) – Application level syntax rules (Amended and
    reprinted 1990)

/Dink73/ Dinkelbach, W. (1973): Modell - ein isomorphes Abbild der Wirklichkeit? In:
    Grochla, E.; Szyperski, N. (Hrsg.): Modell und computergestützte
    Unternehmensplanung. Wiesbaden: Gabler, S.152-162

/FäGö93/ Fähnrich, H.-P.; Görner, C.; Ilg, R. (1993): Styleguides zur Systementwicklung.
    Reicht das aus? Technische Rundschau, Heft 36, S.76-78

/FeSi94/ Ferstl, O.K.; Sinz, E.J. (1994): Grundlagen der Wirtschaftsinformatik. Band 1, 2.
    überarbeitete Aufl.; München, Wien: R. Oldenbourg Verlag

/Ham90/ Hammer, M. (1990): Reengineering Work: Don´t Automate - Obliterate. In: Harvard
    Business Review 68 Juli-August, S.104-111

/HeBr96/ Hess, Th.; Brecht, L. (1996): State of the Art des Business Process Redesign. 2.
    überarb. u. erw. Aufl., Wiesbaden: Gabler

/HeBrÖs95/ Hess, Th.; Brecht, L.; Österle, H. (1995): Stand und Defizite der Methoden des
    Business Process Redesign. In: Wirtschaftsinformatik 37, S. 480-486

/Hess95/ Hess, Th.; Brecht, L.; Österle, H. (1995): BPR-Projekte im deutschsprachigen
    Raum: Erfolg, Vorgehen und methodische Unterstützung. Arbeitsbericht IM
    HSG/CC PRO/ 17 des Instituts für Wirtschaftsinformatik der Hochschule St.
    Gallen, St. Gallen

/Hesse84/ Hesse, W.; Luft, A.L.; Keutgen H.; Rombach H.D. (1984). Ein Begriffssystem für
    die Softwaretechnik. Informatik Spektrum 7, S. 200-213

/HiKr86/ Hirsch-Kreinsen, H. (1986): Technische Entwicklungslinien und ihre Konsequenzen
    für die Arbeitsgestaltung; In: Hirsch-Kreinsen, H., Schulz-Wild, R. (Hrsg.):
    Rechnerintegrierte Produktion - Zur Entwicklung von Technik und Arbeit in der
    Metallindustrie; München, Wien: R. Oldenbourg Verlag

/Holl95/ Frick, C., Holland, M., Trippner, D. (1995): Produktdatentechnik; STEP - die
    Antwort; In:CIM Management Nr. 11

/IAO96/ Interner Bericht des Fraunhofer IAO (1996): Stand und geplanter Einsatz von DV-
    Technik in der Fertigungsindustrie, Stuttgart: Fraunhofer IAO

/IBM94/ IBM Deutschland Informationssysteme (1994): IBM Open Blueprint Bauplan für
    offene Client/Server Lösungen, IBM, Stuttgart: IBM

/ISO 10303 1/ Product Data Representation and Exchange Part 1 (1994): Overview and
    Fundamental Principles. Schweiz: ISO/IEC

/Jan96/ Janssen, C. (1996). Dialogentwicklung für objektorientierte, graphische
    Benutzungsschnittstellen. Berlin, Heidelberg: Springer

/Krall91/ Krallmann, H. (1991): Expertensysteme; In: Geitner, U.W. (Hrsg.): CIM Handbuch,
    2., vollständig überarbeitete und erweiterte Auflage, Braunschweig, S.110-123

/McPa88/ McMenamin, S.M.; Palmer, J.F. (1988): Strukturierte Systemanalyse. München,
    Wien: Carl Hanser Verlag

/Me85/ Mertens, P. (1985): Zwischenbetriebliche Integration in der EDV, in: Informatik-
    Spektrum, Jahrgang 1985, Band8, Heft2, S.81-90

/Mic96/ Microsoft Corporation (1996): Microsoft Component Object Model (COM).
    www.microsoft.com/backoffice/reading/bst11200.htm

/MoBa89/ Mosig-Baumeister, G. (1989): Aktuelle EDV-Musterpflichtenhefte für alle
    technischen Unternehmensbereiche: ein Praxisratgeber zur präzisen Definition der
    kompletten Anforderungen an EDV-Lösungen, WEKA-Fachverlag

/Nord34/ Nordsieck, F. (1934): Grundprobleme der Organisationslehre, Stuttgart

/Nus96/ Nußdorfer, R. (1996): Was kommt nach Client/Server? In: Business Computing 1/96.

/OMG92/ Object Management Group (1992): Object Management Architecture Guide,
    Revision 2.0 OMG TC Document 92.11.1

/OMG93/ Object Management Group (1993): The Common Object Request Broker:
    Architecture and Specification, Revision 1.2 OMG Document Number 93.12.43

/OMG95/ OMG Flyer (1995): Business Objects

/Ortn85/ Ortner, E. (1985): Semantische Modellierung - Datenbankentwurf auf Ebene der
    Benutzer. In: Informatik Spektrum 8, S. 20-28

/Ös96/ Österle, H.; Riehm, R.; Vogler, P. (1996); Middleware, Grundlagen, Produkte und
    Anwendungsbeispiele für die Integraion heterogener Welten. Wiesbaden:
    Viehweg

/OsFr94/ Osterloh, M.; Frost, J. (1994): Business Reengineering: Modeerscheinung oder
    „Business Revolution". In: Zeitschrift Führung und Organisation 63, S. 356-363

/Öste95/ Österle, H. (1995): Business Engineering: Prozeß- und Systementwicklung. Berlin,
    Heidelberg: Springer

/PiBö95/ Picot, A.; Franck, E. (1995): Prozeßorganisation. Eine Bewertung der neuen Ansätze aus Sicht der Organisationslehre. In: Nippa, M.; Picot, A. (Hrsg.); Prozeßmanagement und Business Reengineering. Frankfurt und New York: Campus, S. 13-38

/Ra91/ Raasch, J. (1991): Systementwicklung mit strukturierten Methoden. München, Wien: Carl Hanser Verlag.

/Rau89/ Rauterberg, M. (1989): Maus versus Funktionstaste: Ein empirischer Vergleich einer Desktop mit einer ASCII-orientierten Benutzungsoberfläche. In: Maaß, S.; Oberquelle, H. (Hrsg.): Software Ergonomie '89 Aufgabenorientierte Systemgestaltung und Funktionalität. Stuttgart: Teubner, 213-323.

/Reis85/ Reisig, W. (1985): Petrinetze - Eine Einführung. Berlin, Heidelberg: Springer

/RoScho77/ Ross, D. T.; Schoman, K.E. (1977): Structured Analysis for Requirements Definition. IEEE Transactions on Software Engineering, Vol. 3, No.5, S. 6-15

/Rum91/ Rumbaugh, J.; Blaha, M.; Premerlani, W.; Eddy, F.; Lorensen, W. (1991): Object-Oriented Modeling and Design. Englewood Cliffs, New Jersey: Prentice-Hall.

/Sche87/ Scheer, A.-W. (1987): Computer Integrated Manufacturing: CIM = Der computergesteuerte Industriebetrieb / 2.Aufl. Berlin, Heidelberg: Springer

/Sche92/ Scheer, A.-W. (1992): Architektur integrierter Informationssysteme. Berlin, Heidelberg: Springer

/Sche94/ Scheer, A.-W. (1994): Wirtschaftsinformatik. Referenzmodelle für industrielle Geschäftsprozesse; 5. Auflage. Berlin, Heidelberg: Springer

/Schnei94/ Schneider, G. (1994): Eine Einführung in das Internet; in: Vortrag im Rahmen des Internettages, der vom Springer-Verlag im Juli 1994 in Heidelberg veranstaltet wurde. Http://www.rz.uni-karlsruhe.de/rz02/internet_intro.html

/SchoRe91/ Scholz-Reiter, B.(1991); CIM-Schnittstellen, Konzepte, Standards und Probleme bei der Verknüpfung von Systemkomponenten in der rechnerintegrierten Produktion; München, Wien: R. Oldenbourg Verlag

/Sh87/ Shneiderman, B. (1987). Designing the User Interface: Strategies for Effective Human-Computer Interaction. Reading, Messachusetts: Addison-Wesley

/ShMe88/ Shlaer, S.; Mellor, S. J. (1988): Object-Oriented Analysis: Modeling the World in Data. Englewood Cliffs, New Jersey: Prentice-Hall.

/Sinz88/ Sinz, E. J. (1988): Das Strukturierte Entity-Relationship-Modell (SER-Modell). Angewandte Informatik 5/88, S. 191-202.

/Sri95a/ Srinivasan, Raj (1995): RPC: Remote Procedure Call Protocol Specification Version 2. RFC 1832

/Sri95b/ Srinivasan, Raj (1995): XDR: External Data Representation Standard. RFC 1832

/Sun96/ Sun Microsystems (1996): Siehe Java Homepage über: http://www.java.sun.com

/Tan95/ Tannenbaum, A. (1995): Verteilte Betriebssysteme. München, Wien: Carl Hanser Verlag

/VaHo96/ Van Hoff, A., Shaio, S., Starbuck, O. (1996): Java Applets erstellen und nutzen: Web-Seiten selbstgemacht. Reading, Messachusetts: Addison-Wesley

/Vog96/ Vogel, A. (1996): The WWW and Java: threat or challange to CORBA?, in: MiddlewareSectra; Jg. 10, Nr.2, S.36-41

/Wan93/ Wandmacher, J. (1993): Software-Ergonomie. Berlin, New York: Walter de Gruyter

/Wei95/ Weisbecker, A. (1995). Ein Verfahren zur automatischen Generierung von software-ergonomisch gestalteten Benutzungsoberflächen. Berlin, Heidelberg: Springer

/Yord89/ Yourdon, E. (1989). Modern Structured Analysis. Englewood Cliffs, New Jersey: Prentice-Hall

/ZeiZe92/ Zeidler, A.; Zellner, R. (1992): Software-Ergonomie. München, Wien: R. Oldenbourg Verlag

/Zi93/ Ziegler, J.; Ilg, R. (Hrsg.) (1993). Benutzergerechte Software-Gestaltung - Standards, Methoden und Werkzeuge. München, Wien: R. Oldenbourg Verlag

/Zi96/ Ziegler, J. (1996). Eine Vorgehensweise zum objektorientierten Entwurf graphisch-interaktiver Informationssysteme. Berlin, Heidelberg: Springer

/ZiFä88/ Ziegler, J.; Fähnrich, K.-P. (1988). Direct Manipulation. In: Helander, M. (Ed.) Handbook of Human-Computer Interaction. Amsterdam: Elsevier, S.123-133.

Anhang A: Verknüpfung, Schnittstellen, Netzwerke

1 Grundlegende Möglichkeiten der Verknüpfung

Verknüpfung durch menschlichen Eingriff
Zwei nicht interaktive Applikationen werden durch den Mensch verbunden, indem Daten aus den Ausgabelisten des einen Systems selektiert und als Eingabedaten in das zweite System manuell eingegeben werden. Diese nicht automatisierte Art der Verknüpfung ist qualitativ und vom notwendigen Zeitaufwand kritisch zu betrachten.

Verknüpfung über formatierte Datei
Die Applikation A schreibt hier Daten in einem festgelegten Format in eine Datei. Dieses Format muß der lesenden Applikation ebenfalls bekannt sein. Der Aufwand der manuellen Neueingabe entfällt, Eingabe- und Übertragungsfehler werden vermieden. Diese Art der Verknüpfung ist jedoch bei Applikationsänderungen wenig komfortabel.

Verknüpfung durch Konverter
Die beiden Applikationen beinhalten jeweils Konverter, die Daten in das jeweils andere Datenformat konvertieren. Diese Konverter werden von den Softwareanbietern der Applikationen zur Verfügung gestellt. Nachteilig hierbei ist, daß die Verknüpfung lediglich zwischen zwei Applikationen möglich ist und somit bei einem Gesamtsystem von n Applikationen die Anzahl der Konverter auf n x (n-1) anwächst. Ein dynamischer Informationszugriff von einer Applikation auf die andere ist online nicht möglich.

Verknüpfung über Datenbanken
Bei der Verknüpfung über Datenbanken existieren zwei extreme Fälle, die die Spannbreite der möglichen Realisierungen aufzeigen. Die Minimallösung besteht aus einer gemeinsamen Datenbasis der Applikationen, über die lediglich die zur Kommunikation notwendigen Daten ausgetauscht werden. Die Maximallösung verwendet ein einheitliches Datenbanksystem für die gesamten Daten aller Applikationen. Zu beachten ist hier, daß bei der Kommunikation über eine gemeinsame Datenbank die Problematik der Datenredundanz außer Acht gelassen wird, wobei bei einem gemeinsamen Datenbanksystem sich auf der anderen Seite alle Applikationen einem einheitlichen Datenbankschemata unterordnen müssen bzw. zumindest ein logisches Datenmodell vorhanden sein muß.

2 Schnittstellenstandardisierung

	Spezifika *beteiligte Systeme*	Vorteil / Nachteil
Produktdefinierende Daten		
IGES	geometrisch orientiert *CAD -> CAD*	nur Austausch zwischen CAD-Systemen
VDAVS	geometrisch orientiert *CAD -> CAD*	speziell für Flächen im Automobilbau geeignet
PDES (STEP)	geometrisch und technologisch orientiert *CAD -> CAD*	STEP-Postprozessoren nur für CAD-Systeme
Produktionstechnische Daten		
APT / ISO TC184/SC3	Geometriedaten *CAD -> NC-Prog.-System*	
CLDATA	Werkzeugpositionen *CAD -> NC-Prog.-System*	nicht weiterentwickelt
IRDATA	Roboterpositionen *CAD -> NC-Prog.-System*	
DIN 66025	NC-Programme NC-Prog.-System (NCP) *NCP -> Steuerung*	sehr abstrakt (z.B.G52...)
Auftragsbezogene Daten		
EDIFACT	Nachrichtentyp, Datensegment und Zeichensatz festgelegt Materialwirtschaft (MaWi) *MaWi -> MaWi*	branchenübergreifend jedoch nur Rechnung, Lieferschein, Zahlungsavis
ODETTE (EDIFACT)	*MaWi -> MaWi*	spezifisch f. Automobilbau
COST306 (EDIFACT)	*MaWi -> MaWi*	spezifisch f. Transport

Abb. A.1: Klassifizierung der Schnittstellen in der Fertigungstechnik

3 Netzwerke

Netzwerktopologie

Die Netzwerktopologie beschreibt die Form der physikalischen Verbindung zwischen den an das Netz angeschlossenen Endgeräten. Die Topologie beeinflußt wesentlich die Leistungsfähigkeit, Erweiterbarkeit und Ausfallsicherheit eines Netzes. Die vorkommenden Topologien sind Bus (z.B. Ethernet, Apple Talk), Stern (z.B. Starlan), Ring (z.B. FDDI), hierarchisch (z.B. SNA von IBM) und vermascht (z.B. X.25 Paketvermittlungsnetz). Die Topologien sind frei kombinierbar und werden meist als Mischformen eingesetzt.

Hochleistungsnetzwerke sind meist als dreistufige Modelle ausgelegt. Das Backbone-Netz, das als vermaschtes, diensteintegrierendes Netz mit hohem Datendurchsatz und hoher Ausfallsicherheit die Hauptaufgabe des „Transports" übernimmt. Um diesen Kern ist die vermaschte Zugriffsschicht, die die Protokolle der angeschlossenen Datenendeinrichtungen konvertiert. Hier steht die Sicherheit der Daten im Vordergrund. Die Zuführungsschicht ist die äußerste Schicht des Schalenmodells und dient der Heranführung entfernter Lokationen an die Zugriffsschicht und ist über sternförmig angeordnete Miet- oder Wählleitungen realisiert. Hier werden die firmenspezifischen Protokolle übertragen.

LAN; WAN und MAN

Die geografischen Unterschiede werden festgelegt über die Begriffe LAN (Local Area Network), WAN (Wide Area Network) und dem MAN (Metropolitan Area Network), einem Mittelding zwischen LAN und WAN. Die Netze unterscheiden sich in ihrer Ausdehnung, den Eignern, den realisierten Protokollen und Bandbreiten der Übertragungsstrecken.

Dienste im Netzwerk

Die durch die Netzwerke zur Verfügung gestellten Dienste reichen von der reinen Telefonkommunikation bis hin zum Netz integrierter Dienste ISDN (Integrated Services Digital Network) der Telekom. Die modernen ISDN-Netze bieten den Nutzern eine einheitliche Schnittstelle für Telefon, Fax, Telex, Videokonferenz und Datenübertragung aus einer „Steckdose".

Das ISO/OSI Referenzmodell

Das Referenzmodell der International Standards Organisation (ISO) für die Kommunikation von offenen Systemen d.h. für Open Systems Interconnection (OSI) wurde 1983 verabschiedet (ISO DIS 7498). Es hat grundlegende Bedeutung für die Strukturierung der Kommunikationsvorgänge in offenen und geschlossenen Systemen. Bei geschlossenen Systemen werden herstellerspezifische Kommunikationsprotokolle (z.B. SNA bei IBM, DECNET bei DEC) angewendet. Das Referenzmodell beschreibt in 7 Ebenen (Anwendung bis Bitübertragung) die Kommunikation in offenen Systemen, nicht aber die Funktionalität. Die Schichten lassen sich grob in das Transportsystem (Schicht 1 bis 4) und der Zuordnung und Verarbeitung der Daten durch das Anwendersystem (Schicht 5 bis 7) einteilen. Die Einhaltung des ISO/OSI Referenzmodells hat den Vorteil, daß Anwendungen unterschiedlichster Art miteinander kommunizieren können. Allerdings wird durch den Zwang, bei der Kommunikation sämtliche Schichten durchlaufen zu müssen, d.h. durch den Protokoll-Overhead, in vielen Fällen die Kommunikation verlangsamt.

Netzwerkübergänge

In vielen Unternehmen existieren - entsprechend unterschiedlicher Anforderungen - unterschiedliche Teilnetze. Zur Verbindung dieser Teilnetze stehen entsprechend der Kompatibilität der einzelnen Protokolle der Schichten die folgenden Verbindungselemente zur Verfügung: Repeater, Bridge, Router und Gateway. Repeater verbinden auf der Bitebene (Schicht 1) gleichartige Netzwerke miteinander. Eine Bridge verbindet Netze, die sich in der Schicht 2 unterschieden, dem Zugangsverfahren z.B. Token und CSMA/CD (Carrier Sense Multiple Access/Collision Detection). Router verknüpfen Teilnetze auf Schicht 3, wobei darunterliegende Protokolle durchaus unterschiedlich realisiert sein können. Gateways verbinden vornehmlich geschlossene, herstellerspezifische Teilnetze auf Schicht 7.

Unternehmensnetzwerke - heterogen und lokal

Die in den Unternehmen zu realisierenden Netzwerke wurden aufgrund unterschiedlicher Anforderungen in entsprechend der Unternehmensebene mit entsprechenden Standardisierungsbemühungen angegangen. Die Leitebene wird mit den Bemühungen von TOP (Technical and Office Protocols) im Entwicklungs- und Verwaltungsbereich miteinander verbunden. MAP (Manufacturing Automation Protocol) wurde von General Motors in 1980 initiiert um die am Produktionsprozeß beteiligten vielschichtigen Systeme wie Rechner, Terminals, Controller, Roboter und CNC-Maschinen ohne individuelle Anpassungsprotokolle anschließen zu können. Der Feldbus schließlich ergänzt die Systemhierarchie von MAP und TOP nach unten hin zu den Anforderungen der peripheren Mikroelektronik von Anlagen und Maschinen (Sensoren, Aktoren, Meßumformer, Antriebe).

Anhang B: Modellierungsmethoden

Betriebliche Informationssysteme bestehen aus einer Vielzahl unterschiedlicher Komponenten. Hierzu gehören Aufgaben, Vorgänge, Programme, Rechner, Kommunikationssysteme, Personen und Organisationen. Zur ganzheitlichen Analyse und Beschreibung des Aufbaus der Funktionsweisen von Informationssystemen bedarf es eines allgemein verwendbaren Rahmens, wie er in Form der allgemeinen Systemtheorie gegeben ist.

Reale Systeme

Teilausschnitte der realen Welt werden als reale Systeme bezeichnet, die aus realen Komponenten (materiell, energetisch) aufgebaut sind. Die Erfassung eines realen Systems erfolgt dadurch, daß seine Komponenten gegeneinander und gegenüber der Umwelt anhand entsprechender Eigenschaften abgegrenzt werden. Die beiden Mengen reales System und Umwelt des realen Systems sind dabei disjunkt.

Die Beziehungen zwischen den Komponenten eines realen Systems determinieren die *Struktur* und damit auch das *Verhalten* des realen Systems. Für die Strukturbildung sind die Relationen besteht_aus und interagiert_mit von Interesse. Die Relation besteht_aus beschreibt die hierarchische oder netzartige Zusammensetzung eines Systems aus seinen Komponenten. Die Relation interagiert_mit beschreibt Strukturbeziehungen für die Interaktion von Systemkomponenten. Systemkomponenten, die selbst wiederum als System betrachtet werden, stellen Teilsysteme des realen Systems dar.

Das Verhalten eines realen Systems entsteht durch Interaktionen (Materie-, Energie- oder Informationsaustausch) der durch die Relation interagiert_mit verbundenen Komponenten.
Interagiert ein reales System mit seiner Umwelt, so liegt ein offenes System vor. Die von der Umwelt aus das System einwirkenden Interaktionen heißen Input des realen Systems, die Interaktionen des Systems in Richtung auf seine Umwelt heißen Output des realen Systems.
Eine weitere Eigenschaft eines realen Systems ist dessen veränderlicher Zustand. Der Zustand wird durch die aktuellen Ausprägungen der Eigenschaften der Systemkomponenten beschrieben. Diese Eigenschaften verändern sich durch die Interaktion der Systemkomponenten untereinander und mit der Umwelt.

Außensicht und Innensicht von Systemen

Die Beschreibung komplexer Systeme erfordert eine mehrstufige Interpretation von Komponenten als Teilsysteme. Die Bildung von Teilsystemen ermöglicht es, zwischen der Außensicht und der Innensicht eines Systems zu unterscheiden:

- In der Außensicht wird eine System als nicht mehr weiter detaillierbar betrachtet. Entsprechend ist auch nur das (äußere) Verhalten des Systems gegenüber seiner Umwelt sichtbar, daß z.B. in Form eines Input-Output-Systems beschrieben wird. In der Außensicht werden die Schnittstellen eines Systems beschrieben, über die es mit benachbarten Systemen in Beziehung stehen kann.

- Die Innensicht eines Systems betrachtet die (innere) Struktur und das Verhalten seiner Komponenten und Teilsysteme. Geeignete Darstellungsformen hierfür sind Systembeschreibungen in Form eines endlichen Automaten oder in Form des Zustandsraum-Modells. Die Systemkomponenten eines Systems werden entweder als elementar betrachtet oder als Teilsysteme, die wiederum aus ihrer Außensicht beschrieben werden. Die Beschreibung der Innensicht eines Teilsystems muß mit der zugehörigen Außensicht verträglich sein, d.h. das äußere Verhalten realisieren.

Die Unterscheidung von Außen- und Innensicht ermöglicht eine Komplexitätsreduzierung durch eine mehrstufige, hierarchische Systembeschreibung. In der Außensicht werden jeweils die inneren Details eines Teilsystems unterdrückt, in der Innensicht werden die benachbarten Komponenten und Teilsysteme abgegrenzt.

Modelle

Modelle stellen das wichtigste Instrument zur Untersuchung und Beherrschung komplexer Systeme dar. In informeller Definition ist ein Modell ein (Modell-)System, das ein anders (Objekt-)System zielgerichtet abbildet. Wesentliche Forderungen an die Modellbildung sind Strukturtreue und Verhaltenstreue zwischen Objektsystem und Modellsystem. Diese Forderung wird durch die Verwendung homomorpher Modellabbildungen erreicht /Dink73/. Die Modellierung ist strukturtreu, wenn die Modellabbildung homomorph bezüglich der Struktur ist und verhaltenstreu, wenn die Modellabblidung homomorph bezüglich des Verhaltens ist.

Meta-Modelle betrieblicher Informationssysteme

Ein Meta-Modell ist ein Gestaltungsrahmen, der die verfügbaren Arten von Modellbausteinen und Beziehungen zwischen Modellbausteinen zusammen mit ihrer Semantik festlegt, sowie Regeln für die Verwendung und Verfeinerung von Modellbausteinen und Beziehungen definiert. Auf Basis dieser Meta-Modelle lassen sich dann konkrete Modelle betrieblicher Informationssysteme aufstellen. Die Darstellung der Meta-Modelle orientiert sich an der Sichtweise auf die Aufgabenebene des betrieblichen Informationssystems /CoYo91/.

1 Funktionale Zerlegung

Die funktionale Zerlegung beruht auf der mehrstufigen Zerlegung der Funktionen, die ein System zu erfüllen hat, in Teilfunktionen bei gleichzeitiger Festlegung von Schnittstellen zu anderen Funktionen und zur Umwelt eines Systems. Die Daten werden lediglich als Inputs, Outputs und Speicher von Funktionen betrachtet, aber nicht in Form einer separaten Datenstruktur modelliert. Dies stellt einen gravierenden Mangel des Ansatzes dar, da die Funktionsstruktur im Laufe der Zeit wesentlich häufiger Änderungen unterworfen ist, als die Definition der Datenstruktur. Die frühen Methoden der strukturierten Analyse (DeMarco /DeMa79/) unterstützen diese Vorgehensweise, die heute als eigenständiger Modellierungsansatz kaum noch praktische Bedeutung hat.

2 Datenflußorientierte Modelle

Der Datenflußansatz ist ein in der Praxis weit verbreiteter Modellierungsansatz, der sich in unterschiedlichen Meta-Modellen wie Strukturierte Analyse (SA) nach Yourdon /Yord89/ oder McMenamin u. Palmer /McPa88/ oder Structured Analysis and Design Technique (SADT) /RoScho77/ wiederfindet. Die Strukturierte Analyse konzentriert sich auf die Modellierung der Funktionssicht eines Systems. Diese wird in Form von Aktivitäten definiert, die durch Datenflüsse verknüpft sind. Aktivitäten entsprechen betrieblichen Aufgaben mit flußorientierter Aufgabenstruktur. Eine Aktivität transformiert Input-Datenflüsse in Output-Datenflüsse. Datenflüsse stellen Interaktionskanäle zwischen Systemkomponenten dar, die als Schnittstellenvereinbarungen interpretiert werden. Ein Datenfluß verbindet eine Aktivität mit einer weiteren Aktivität, einem Datenspeicher oder einem Terminator. Diese Terminatoren dienen als Datenquellen und -senken aus der Umwelt bzw. an die Umwelt. Die Funktionen der nicht mehr weiter verfeinerten Aktivitäten werden in Mini-Spezifikationen definiert.

3 Datenorientierte Modelle

Die Datenmodellierung konzentriert sich auf die Definition der Struktur der Datenbasis des Systems. Komponenten dieser Struktur sind Datenobjekttypen mit zugeordneten Attributen. Die einzelnen Datenobjekttypen sind durch Beziehungen verbunden. Durch das Konzept der Generalisierung können Verallgemeinerungen bzw. Spezialisierungen von Datenobjekttypen beschrieben werden. Die Struktur der Datenbasis ist im Zeitablauf weitgehend stabil und dient als Grundlage für die Definition der Funktionen des Systems (Raasch /Ra91/; Ferstl u. Sinz /FeSi94/).

Das Entity-Relationship-Model (ERM) nach Chen /Che76/ bildet den Ausgangspunkt für viele Modellvarianten und Modellerweiterungen. Im Laufe der Jahre wurden Varianten und Erweiterungen des ERM vorgeschlagen, die zu einer Verbesserung der semantischen

Ausdrucksfähigkeit des ERM geführt haben. Beispiele sind die Präzisierung der Komplexität von Beziehungen oder die Abstraktionsarten der Aggregation und Generalisierung. Scheer /Sche92/ hat mit diesen Erweiterungen ein konzeptuelles Datenschema (in der Praxis ist der Begriff „unternehmensweites Datenmodell" gebräuchlich) für Informationssysteme in Industriebetrieben veröffentlicht. Sinz /Sinz88/ hat im Strukturierten Entity-Relationship-Model (SERM) Existenzabhängigkeiten und Objektbeziehungen durch semantische Erweiterungen und Regeln eingeführt mit dem Ziel, komplexe Anwendungen besser modellieren zu können.

4 Objektorientierte Modelle

Die Betrachtung der betrieblichen Praxis lehrt, daß zentrale Datenstrukturen eines Unternehmens, wie sie in Nummerungssystemen festgelegt sind, eine hohe Lebensdauer aufweisen. Änderungen in den organisatorischen Paradigmen schlagen eher auf funktionale und prozedurale Ausprägungen der unterstützenden Informationssysteme durch. Diese Beobachtung führt dazu, betriebliche Datenobjekte zum Zentrum der Betrachtung und Modellierung zu machen. Die objektorientierte Modellierung geht von diesem Grundgedanken aus. Dabei werden Daten nicht mehr als Ein- und Ausgabedaten von Funktionen gesehen, sondern bilden gemeinsam eine operativ einzusetzende Einheit. Diese Betrachtung unterstützt klassische Konzepte wie Kapselung und Abstraktion. Darüber hinaus realisiert der objektorientierte Ansatz Konzepte wie Klassifizierung, Vererbung und Polymorphismus (Booch /Boo91/). Die objektorientierte Zerlegung führt zu abgeschlossenen Bereichen des Modells.

Zur objektorientierten Vorgehensweise haben sich in den letzten Jahren verschiedene Analysemethoden etabliert, die zum Teil auf den Methoden der strukturierten Analyse aufbauen (Shlaer und Mellor /ShMe88/; Rumbaugh et al. /Rum91/) oder von Grundlagen der Objektorientierung wie der Klassifikationstheorie (Coad / Yourdon /CoYo91/) ausgehen.

4.1 Object-Modeling-Technique (OMT)

Zur Beschreibung eines Systems verwendet die OMT-Methodologie drei unterschiedliche Modelle:

- das Objektmodell
- das dynamische Modell
- und das funktionale Modell.

Um ein System vollständig zu beschreiben sind alle drei Modelle erforderlich.

Objektmodell

Das Objektmodell beschreibt hierbei die statische Struktur der Objekte, Klassen und ihren Relationen zueinander. Es ist das wichtigste der drei Modelle und stellt das Grundgerüst dar. Damit wird erreicht, daß das modellierte System auf Objekten und Klassen basiert und nicht auf Funktionen wie bei strukturierten Entwurfsmethoden. Ein Objekt ist ein Konzept, eine Abstraktion oder einen Gegenstand mit klaren Abgrenzungen. Eine Objektklasse beschreibt Objekte mit gemeinsamen Attributen und Operationen. Verknüpfungen und Assoziationen stellen Relationen zwischen Objekten und Klassen dar.

Die Notation geht auf das Entity-Relationship-Modell (ERM) von Chen zurück.

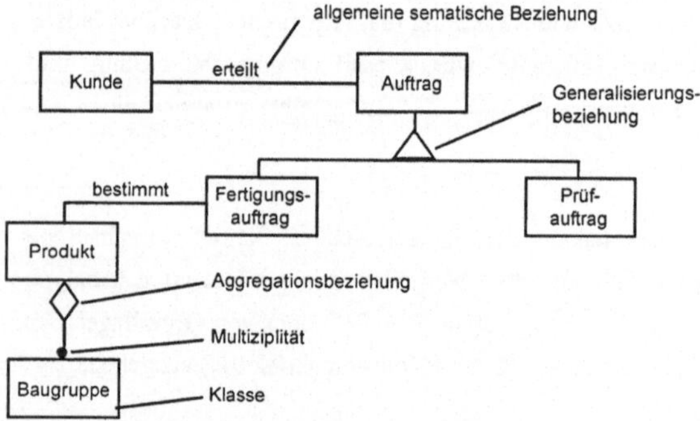

Abb. B.1 Objektmodellnotation nach OMT

Dynamisches Modell

Das dynamische Modell beschreibt die Aspekte, die sich mit Zeit und Veränderung beschäftigen. Die wichtigsten Konzepte zur dynamischen Modellierung sind Ereignisse und Zustände. Ein Ereignis ist etwas, was in einem bestimmten Augenblick geschieht. Ein Zustand ist die Abstraktion der Attributwerte und Verknüpfungen eines Objekts. Ein Zustand spezifiziert die Reaktion des Objekts auf erhaltene Ereignisse.

Dieses Modell wird graphisch durch Zustandsdiagramme beschrieben. Es bringt Ereignisse und Zustände zueinander in Relation.

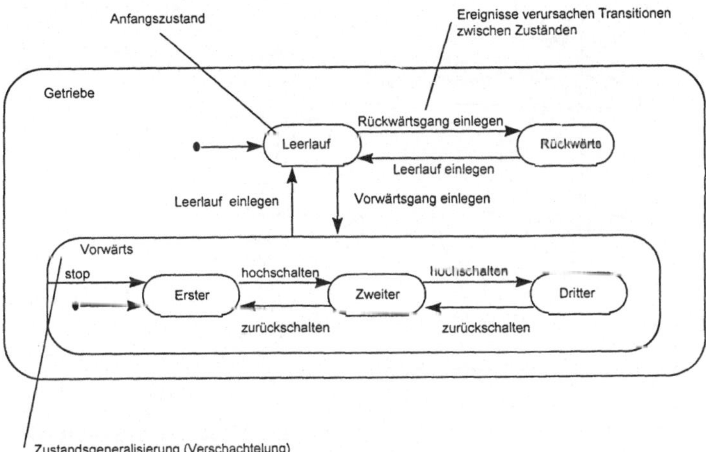

Abb. B.2 Statecharts oder dynamisches Modell

Funktionales Modell

Das funktionale System schließlich beschreibt die Datenwert-Transformationen innerhalb des Systems. Es zeigt wie bei einer Berechnung die Ausgabewerte aus den Eingabewerten abgeleitet werden. Weiter beschreibt es die Funktionen, die Werte verbinden. Dazu eignen sich Datenflußdiagramme.

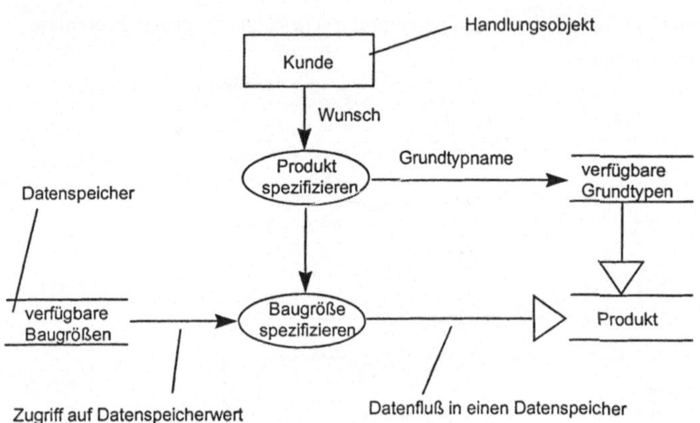

Abb. B.3 Datenflußdiagramm oder funktionales Modell

Zusammenfassend kann man sagen, daß die drei verschiedenen Modelle ein System in verschiedene Sichten unterteilen, die mit einer einheitlichen Notation repräsentiert und manipuliert werden können.

Jedes Modell beschreibt einen Ansatz des Systems und enthält Verweise auf die anderen Modelle. Das Objektwerten beschreibt Datenstrukturen, auf denen das dynamische und das funktionale Modell arbeiten. Die Operationen im Objektmodell entsprechen den Ereignissen im dynamischen Modell und den Funktionen im funktionalen Modell das dynamische Modell beschreibt die Kontrollstrukturen von Objekten. Es stellt Entscheidungen dar, die von Objektwerten abhängen und Aktionen auslösen, die Objektwerte ändern und Funktionen aufrufen. Das funktionale Modell beschreibt Funktionen, die von Operationen im Objektmodell und Aktionen im dynamischen Modell aufgerufen werden. Funktionen operieren auf Datenwerten, die vom Objektmodell spezifiziert werden.

Kritisch anzumerken ist, daß das funktionale Modell einen Bruch in der Objektorientierung darstellt und mittlerweile nicht mehr verwendet wird.

4.2   Objektorentierte Analyse (OOA)

Die OOA nach Coad/Yourdon /CoYo91/ benennt die folgenden Komponenten zur semantischen Beschreibung von Systemen:

Ein *Objekt* ist die Abstraktion eines Etwas innerhalb des betreffenden Anwendungsgebietes, das die Fähigkeit des Systems beschreibt, Informationen über dieses Etwas zu speichern und/oder mit dem Etwas zu kommunizieren. Das Objekt wird beschrieben durch seinen (eindeutigen) Namen, seine Attribute und seine Services.

Eine *Klasse* ist die Beschreibung von einem oder von mehreren Objekten, die gemeinsame Attribute oder Services aufweisen. Dazu gehört auch eine Definition, wie neue Objekte in dieser Klasse erzeugt werden.

Die Struktur ist eine Darstellung der Komplexität innerhalb eines Anwendungsgebietes im Zusammenhang mit den Systemaufgaben.

Die *Gen/Spec-Struktur* wird verwendet, wenn sich Attribute oder Eigenschaften von Objekten zusammenfassen (generalisieren) lassen bzw. im umgekehrten Fall, wenn die Objekte der Klasse nicht ausreichen um alle möglichen Objekte zu beschreiben muß spezialisiert werden.

Die *Whole/Part-Struktur* wird verwendet, um (Teil-)Systeme im Gesamtsystem zusammenzufassen. Sie dienen hauptsächlich der Reduzierung der Komplexität durch logische Zusammenführung von Klassen.

Instanzverbindungen (Kardinalitäten) werden zwischen Klassen und Objekten festgelegt. Sie beschreiben die möglichen Ausprägungen der Abhängigkeiten.

Die *Nachrichtenverbindung* stellt die Abhängigkeiten eines Objektes dar. Sie zeigt, daß Services anderer Objekte erforderlich sind, damit das Objekt seine Aufgaben erfüllen kann.

4.3   Task-Object-Charts (TOC)

Task-Object-Charts (TOC) beschreiben den Fluß zustandsbehafteter Objekte durch hierarchisch strukturierte Vorgänge und zeigen die aus Benutzersicht relevanten Aufgaben. Die essentielle Modellierung besteht aus einem Objektmodell und einem Aufgabenmodell, mit denen sowohl dynamische Aspekte als auch Anforderungen der Benutzungsschnittstelle gemeinsam modelliert werden können /BuFäGrZi96/.

Das Objektmodell kann als eine Erweiterung des Entity-Relationship-Modells aufgefaßt werden, in dem unterschiedliche Anwendungsdatentypen und deren semantische Beziehungen untereinander abgebildet werden.

Für die Beschreibung definierter Aufgabenstellungen, die der Benutzer durchführt, ist meist eine funktional orientierte Darstellungsweise besonders geeignet. Dies wird durch die TOCs erreicht, da diese eine gemeinsame Darstellung von Aufgabenstrukturen mit den zu bearbeitenden Objekten ermöglicht. Zur Steuerung von Abläufen werden die Objektzustände benutzt.

4.4 Das Semantische Objektmodell (SOM)

Ausgangspunkt der Objektmodellierung im SOM nach Ferstl und Sinz ist die Erstellung und schrittweise Verfeinerung eines Modells des betrieblichen Objektsystems sowie der den betrieblichen Objekten zugeordneten Aufgaben und Ziele. Ein betriebliches Anwendungssystem besteht im SOM aus zwei Teilen: einem *konzeptuellen Objektschema* (KOS), das die konzeptuellen Objekttypen und ihre Beziehungen beschreibt sowie einem *Vorgangsobjektschema* (VOS), das in Form von Vorgangsobjekttypen das Zusammenwirken der konzeptuellen Objekttypen bei der Durchführung betrieblicher Aufgaben beschreibt /FeSi91/.

Die Objektmodellierung im SOM-Ansatz wird gemäß dem V-Modell mit den beiden Schenkeln des konzeptuellen Objektmanagements und des Vorgangsobjektmanagements durchgeführt.

Das V-Modell unterscheidet drei Ebenen:
1. Abgrenzung des Objektsystems und des Zielsystems für die Gesamtaufgabe des Objektsystems.
2. Modellierung des Objektsystems sowie der zugehörigen Aufgaben und Ziele. Dabei umfaßt das Interaktionsmodell die Zerlegung des Objektsystems und stellt die einzelnen Zerlegungen in einer Folge von Interaktionsdiagrammen dar. Das zugehörige Aufgabensystem umfaßt die Zerlegung der Gesamtaufgabe des Objektsystems sowie des zugehörigen Zielsystems und stellt die Zerlegungen in einer Folge von Vorgangs-Ereignis-Netzen dar.
3. Spezifikation des Anwendungssystems in Form eines konzeptuellen Objektschemas und eines darauf aufbauenden Vorgangsobjektschemas. Hier werden schließlich die zu automatisierenden bzw. die nicht zu automatisierenden Teile des Objektsystems festgelegt.

4.5 Zusammenfassender Vergleich der Methoden und Modelle

Die Modellierungsmethoden werden nach folgenden Kriterien beurteilt: Struktur, Verwendung, Benutzer, bestehende Systeme und weitere Eigenschaften.

Struktur (die im Modell noch sinnvoll abbildbare)
Die Methode soll sowohl komplexe Systeme umfassend abbilden können, jedoch auch Ausschnitte partiell detaillieren, so daß einerseits der Gesamtüberblick erhalten bleibt und die notwendige Detailliertheit an kritischen Stellen vorhanden ist.

Verwendung (aus der Anwendersicht)
Die Benutzerakzeptanz hängt in großem Maße von der aufgabenangemessenen und benutzergemessenen Anwendbarkeit der Modellierungsmethode ab. Bei paritizipativer Verwendung der Methode mit den Funktionsträgern werden entsprechend höhere Anforderungen gemäß der einfachen, übersichtlichen und leicht verständlichen Darstellungsform erhoben.

Benutzer
Um ein entkoppeltes Vorgehen bei der System- und der Benutzerdialogmodellierung zu erreichen, ist eine Trennung zwischen Aufgaben und Aufgabenträger im Modell notwendig. Gleichsam sollte diese Trennung durch eine Durchgängigkeit bei den verwendeten Methoden oder der Vorgehensweise wieder zusammengeführt werden.

bestehende Systeme
Die Modellierbarkeit bestehender Systeme ist aus Sicht der Anwender ein unverzichtbarer Bestandteil einer Abbildung der Realität. Aus der Knappheit der Ressourcen heraus werden meist nur Teile des Systems durch neue (Teil-) Systeme ersetzt, die in das Gesamtsystem integriert werden müssen.

		funktionale Zerlegung	Datenfluß-orientierte Zerlegung	Datenorientierte Zerlegung			Objektorientierte Zerlegung			
		SA (DeMarco)	SA (Raasch)	ERM (Chen)	ERM (Scheer)	SERM (Sinz)	OOA (Coad/ Yourdon)	OMT (Rum-baugh)	SOM (Ferstl/ Sinz)	TOC (Ziegler)
Struktur										
	Prozeßketten	○	○	○	●	◑	○	○	◑	●
	schrittweise Verfeinerung	◑	●	◑	●	◑	●	●	●	●
	Funktionen	●	●	◑	●	◑	●	●	●	◑
	Daten	◑	●	●	●	●	●	●	●	◑
Verwendung										
	übersichtlich	◑	◑	◑	◑	◑	●	○	●	◑
	leicht erlernbar	◑	○	●	◑	○	●	○	○	○
Benutzer										
	Trennung von Aufgabe und Aufgabenträger	○	●	○	●	○	●	●	●	●
	Dialoge modellierbar	○	○	○	○	○	○	●		●
bestehende Systeme										
	Beständigkeit des Modells	○	◑	◑	◑	◑	●	◑	●	◑
	realitätsnahe Abbildung	◑	◑	◑	◑	◑	●	◑	◑	◑
	funktionales System abbildbar?	●	●	◑	●	◑	◑	◑	◑	◑
weitere Eigenschaften										
	dynamische Modelle	○	○	○	○	○	○	●	◑	●

● voll erfüllt ◑ teilweise erfüllt ○ nicht erfüllt

Abb. B.4: Vergleich der Modellierungsmethoden

Anhang C: STEP und EXPRESS

1 Integriertes Produktmodell - STEP

Bei STEP liegt eine objektorientierte Betrachtungsweise, bezüglich des Produktes als Objekt, vor. Die Produktdaten umfassen alle Merkmale eines Produktes, die von der ersten Konzeption bis zum Recycling über den vollständigen Produktlebenszyklus erstellt und verarbeitet werden. Ziel ist die Schaffung einer gemeinsamen Semantik für alle über den gesamten Produktlebenszyklus beteiligten Softwaresysteme. Das STEP-Modell ist eine Festlegung auf logischer Ebene, wobei ein Metamodell als logisches Informationsmodell beschrieben wird.

STEP enthält neben der eigentlichen Beschreibung von Produktdaten auch Beschreibungsmethoden (*Description Methods*) und Methoden zum Konformitätstest (*Conformance Testing Methology and Framework*). STEP kann als Baukasten aufgefaßt werden, mit dem anwendungsorientierte Produktdatenmodelle (*Application Protocols*) unter Verwendung von Grundbausteinen (*Integrated Resources*) nach definierten Regeln und Methoden beschrieben werden. Der Aufbau der ISO 10303 STEP ist wie folgt:

Serie 10 Spezifikationsmethoden (Spezifikationssprache EXPRESS)

Serie 20 Implementierungsmethoden (Austauschdatei, SDAI, Datenbanken...)

Serie 30 Test- und Prüfmethoden

Serie 40 anwendungsunabhängige Kernmodelle (Geometrie, Repräsentation ...)

Serie 100 anwendungsabhängige Kernmodelle (Zeichnung, Elektrik, Kinematik ...)

Serie 200 Anwendungsdatenmodelle (z.B. AP214 Core Data for Automotive Mechanical Design Processes)

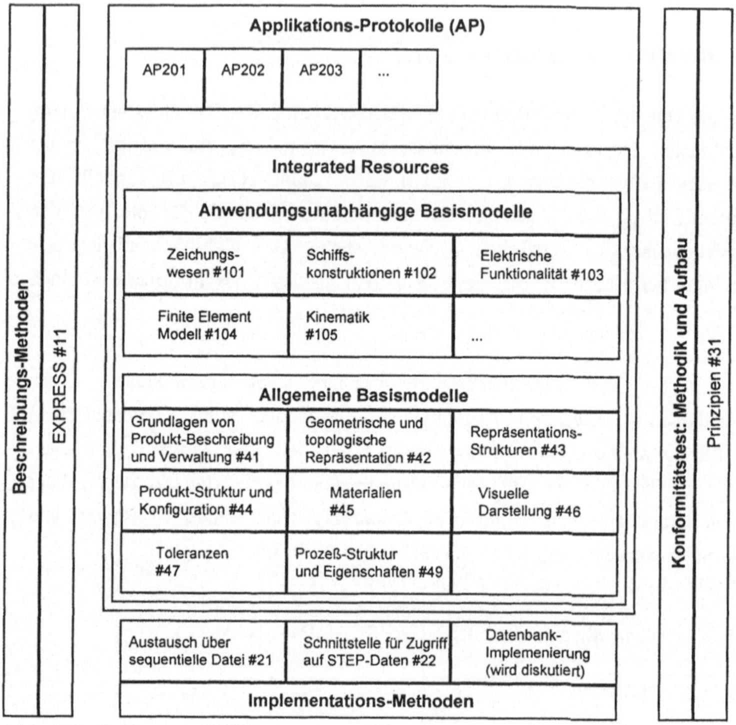

Applikations-Protokolle (AP)

| AP201 | AP202 | AP203 | ... |

Integrated Resources

Anwendungsunabhängige Basismodelle

| Zeichungswesen #101 | Schiffskonstruktionen #102 | Elektrische Funktionalität #103 |
| Finite Element Modell #104 | Kinematik #105 | ... |

Allgemeine Basismodelle

Grundlagen von Produkt-Beschreibung und Verwaltung #41	Geometrische und topologische Repräsentation #42	Repräsentations-Strukturen #43
Produkt-Struktur und Konfiguration #44	Materialien #45	Visuelle Darstellung #46
Toleranzen #47	Prozeß-Struktur und Eigenschaften #49	

| Austausch über sequentielle Datei #21 | Schnittstelle für Zugriff auf STEP-Daten #22 | Datenbank-Implemenierung (wird diskutiert) |

Implementations-Methoden

Beschreibungs-Methoden — EXPRESS #11

Konformitätstest: Methodik und Aufbau — Prinzipien #31

Abb. C.1: Aufbau von STEP

Spezifikationsmethoden - EXPRESS

Die Beschreibungssprache EXPRESS und EXPRESS-G ist Bestandteil der Norm. Dies ermöglicht die Trennung von Modellbeschreibung und Implementierung. EXPRESS ist eine Spezifikationssprache mit objektorientierten Eigenschaften zur formalen, eindeutigen Beschreibung des STEP-Produktmodells in Form von sogenannten Informationsmodellen.

Implementierungsmethoden

Das in EXPRESS beschriebene Informationsmodell ist als logisches Datenmodell unabhängig von einer speziellen Implementierung.

In STEP werden folgende Methoden betrachtet:
- Physical File Exchange für den Austausch von Produktdaten über eine sequentielle Datei
- Ein Application Programming Interface (API) für den Zugriff auf Produktdaten in einer abstrakten Datenbasis (Standard Data Access Interface SDAI).

- Data Sharing, als Begriff für den transparenten Zugriff aus Anwendungsprogrammen auf eine logische Datenbasis, die mit einem EXPRESS-Schema beschrieben ist und physikalisch im Netz verteilt sein kann. Die Entwicklung und Normung ist heute Gegenstand der Forschung.
- Die Langzeitarchivierung von Produktdaten entsprechend den Vorschriften der Produkthaftung.

Anwendungsunabhängige Basismodelle

Den Kern von STEP bilden die *Integrated Resources*. Dies sind Informationsmodelle, die Produktdaten unabhängig von speziellen Anwendungen in EXPRESS beschreiben. So z.B. Geometrie- und Technologieinformationen (*Geometric and Topological Representation*), Materialinformationen (Materials), Toleranz- (*Tolerances*), Formelement- (*Form Features*) oder Strukturinformationen eines Produktes (*Product Structure Configuration*).

Anwendungsdatenmodell - STEP Application Protocol (AP)

Für den industriellen Einsatz von STEP werden nicht alle in den *Integrated Resources* definierten Elemente benötigt. Die anwendungsorientierte Beschreibung der Produktdaten einer Prozeßkette oder eines Prozeßkettenausschnitts werden in sogenannten *Application Protocols* (AP) genormt und beschreiben einen Ausschnitt aus den Basismodellen, die für eine spezielle Anwendung benötigt wird. Beispiele sind das Application Protocol Core Data for Automotive Mechanical Design Processes als ISO-Norm 10303-214 oder das Application Protocol Electrotechnical Design and Installation als ISO-Norm 10303-212.

Das Application Protocol besteht aus folgenden Bestandteilen:

- Das Funktionsmodell der Anwendungen (Application Activity Model, AAM), die durch das Produktdatenmodell unterstützt werden. Das AAM wird mit der SADT-Methode definiert. Hier werden die Datenklassen des Produktdatenmodells identifiziert, die Eingang, Ausgang, Steuerungsgröße und verwendete Methoden der untersuchten Funktionen sind.
- Das Produktdatenmodell aus Anwendersicht (Application Reference Model, ARM) beschreibt die im AAM identifizierten Datenklassen unter Verwendung der EXPRESS-G Methode.
- Der dritte Hauptteil (Application Interpreted Model, AIM) enthält die Beschreibung des anwendungsorientierten Produktdatenmodells unter Verwendung der vordefinierten Bausteine aus den Integrated Resources. Dabei wird eine Abbildung (Mapping) zwischen den Datenobjekten im ARM und denen im AIM definiert.

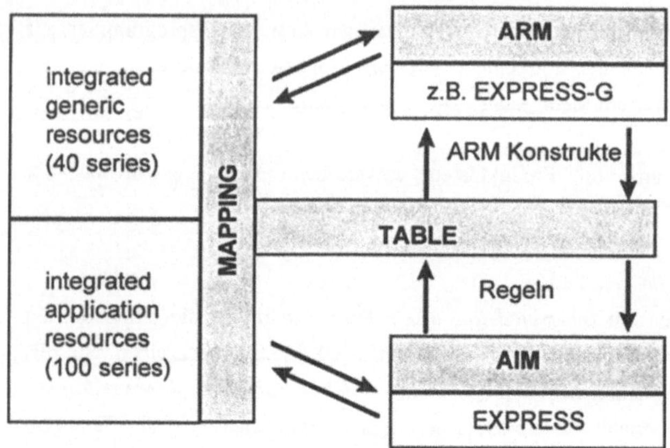

Abb. C.2: Die Anwenderansicht im ARM unter Verwendung der Resource Modelle ergibt das AIM

Im Produktmodell werden die Informationen in Form eines Schichtenkonzeptes abgelegt. Jede Informationsschicht repräsentiert eine semantische Klasse innerhalb der gesamten Produktmodellinformationen. Verbindungsschichten stellen die Beziehungen zwischen den Informationsschichten und innerhalb einer Informationsschicht zwischen semantisch ähnlichen Informationen her. Durch die Verbindungsschichten werden Konsistenz und Redundanzarmut des Gesamtmodells unterstützt. Die Verbindungsschicht zwischen Geometrieschicht und NC-Programmschicht veranlaßt z.B. bei Geometrieänderung automatisch eine Anpassung des NC-Programms. Eine übergeordnete Organisationsschicht sorgt für Zugriffsmechanismen zum Produktmodell. Das Produktmodell ist eine logische Einheit, kann physikalisch aber verteilt sein.

Anhang D: Klassische Architekturen verteilter Systeme

1 Schnittstellenorientiert - CIM Architektur

Computer Integrated Manufacturing (CIM) bezeichnet die integrierte Informationsverarbeitung für betriebswirtschaftliche und technische Aufgaben eines Industriebetriebes /Sche87/. Kernpunkt der Integration ist eine funktionale Gliederung in Applikationen, die meist über eine „anwendungsunabhängige" Datenschnittstelle mit der gemeinsamen Datenbank verbunden werden.

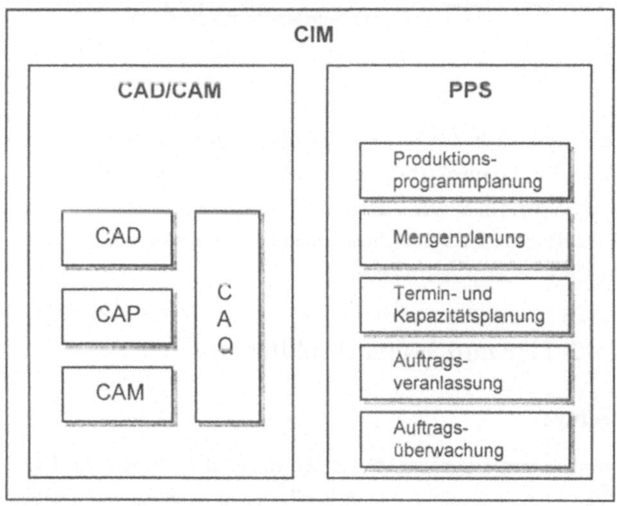

Abb. D.1: AWF-Empfehlung für CIM

2 Client/Server (C/S)

Verteilte Systeme sind in der Regel unsymmetrisch. Es existiert ein Prozeß, der Dienstleistungen anbietet (Server) und ein Prozeß, der Dienstleistungen in Anspruch nimmt (Client). Client/Server ist im Sinne der Architektur zuerst ein logisches Modell, wobei losgelöst von Hardwareplattformen der Aufbau oder die Struktur dieses Systems beschrieben wird.

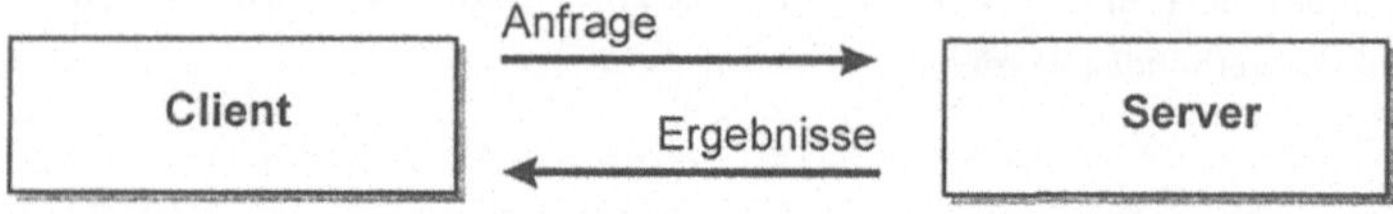

Abb. D.2: Das Client/Server - Modell

Der Client in Abbildung E.2 übermittelt an den Server eine Anfrage, dieser antwortet mit den gewünschten Ergebnissen. Die Realisierung erfolgt mit Produkten aus dem Middleware-Bereich, wobei es immer zumindest einen Server und einen Client gibt. Eine C/S Architektur kann in Form von einem 2-Schichten- oder 3-Schichtenmodell beziehungsweise durch seine allgemeine Form als verteilte Objekte dargestellt werden.

3 Schichtenmodell - 2-Tier und 3-Tier Architecture

3.1 Die 2-Tier Architecture

Aus Sicht der heutigen Praxis dominiert mit einem Marktanteil von rund 90 Prozent die Two-Tier Architecture /Nus96/. Sie ist praxiserprobt und läuft stabil. Die Anwendung läuft hierbei auf den einzelnen PC's, die sich die Daten von einem Datenbankserver (Mainframe oder LAN-Server) holen. Durch den fehlenden Transaction-Protocol Monitor (TP-Monitor) ist diese Architektur ab einer gewissen Anzahl von PC's mit hohen Transaktionsraten nicht mehr ausreichend performant, ganz abgesehen von der Gefahr der Dateninkonsistenz. Die Grenzen sind abhängig von den Parametern Netzgeschwindigkeit, Datenbanktyp, Transaktionsraten, Zahl der PC's und liegen in der Größenordnung von 500 PC's. Unternehmensweite Anwendungen lassen sich damit nur bedingt realisieren. Realisierungen finden sich somit auf Abteilungsebene oder bei kleineren Geschäftseinheiten/Filialen.

Die 2-Tier Architecture mit Stored Procedures

Bei dem Einsatz von Stored Procedures wird die Zahl der über das Netz zu transportierenden Datenbankzugriffe (i.d.R. SQL-Statements) stark reduziert. Es werden dabei durch Remote Procedure Calls (RPC) vom Client aus Remote-Prozeduren beim Server aufgerufen. Der Rücktransport der Antworten wiederum findet gleich wie bei der reinen 2-Tier Architecture über das Netz statt. Das heißt, daß in diesem Punkt keine Einsparungen möglich sind. Die

Vorteile von Stored Procedures kommen viel eher beim Softwaredesign zum Tragen anstatt als Wachstumspfad für zu klein dimensionierte C/S-Architekturen dienen zu müssen.

3.2 Die 3-Tier Architecture

Der richtige Wachstumspfad ist die 3-Tier Architecture mit ihren unterschiedlichen Ausprägungsformen. Das grundsätzliche Ziel besteht darin, die Schwächen der 2-Tier Architecture bei einer großen Anzahl von PC's durch eine grundsätzlich geeignetere Architektur auszumerzen.

Durch den Einsatz eines Application-Servers wird die Last der Multi-User Verwaltung von der Datenbank weggenommen. Der Application-Server verwendet dazu zwei alternative Technologien: Thread-Service auf Betriebssystemebene (parallele Prozesse) oder der Einsatz des TP-Monitors.

Beim Einsatz der Thread-Services werden je Application-Server ca. 30 bis 40 parallele Threads bedient, wobei je Thread ein Benutzer auf das System zugreifen kann. Wird diese Grenze paralleler Zugriffe überschritten, kann ein weiterer Application-Server parallel installiert werden.

Der Einsatz eines TP-Monitors ist eine aus der Mainframewelt bekannte Technologie, die mehrere tausend Benutzer verwalten kann. Hierbei kommt es auf eine ausreichend performante Hardware des Application-Servers an.

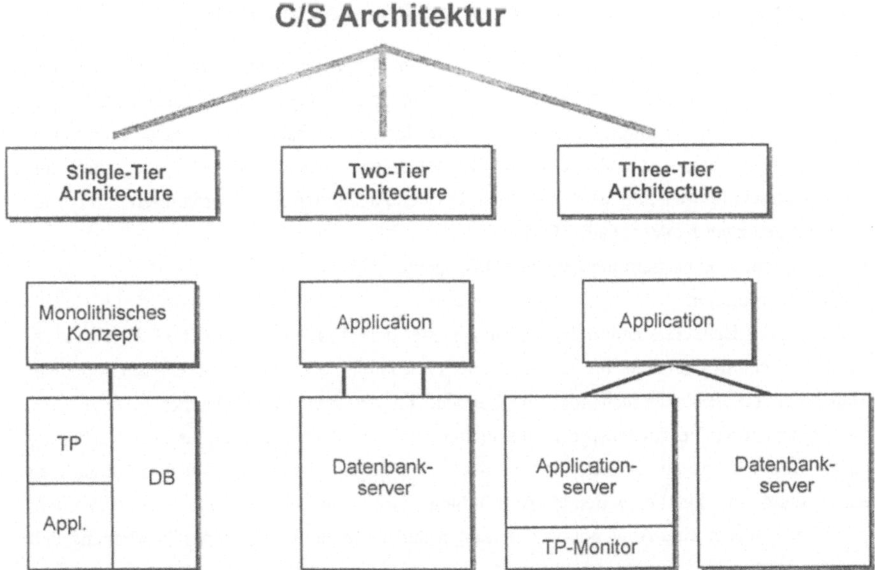

Abb. D.3: Realisierungsformen der C/S Architektur

4 Objektorientierte Architekturen und Standards

4.1 Distributed Computing Environment (DCE)

Das Distributed Computing Environment ist eine Entwicklung der Open Software Foundation. Die von HP, DEC und IBM finanziell getragene Vereinigung hatte zum Ziel, einen Middlewarestandard für verteilte Client/Server Systeme zu entwickeln. Schwerpunkt der Entwicklung war eine integrierte Sammlung betriebssystemnaher Middlewaredienste. Im Mittelpunkt der DCE Komponenten steht ein RPC-Mechanismus.

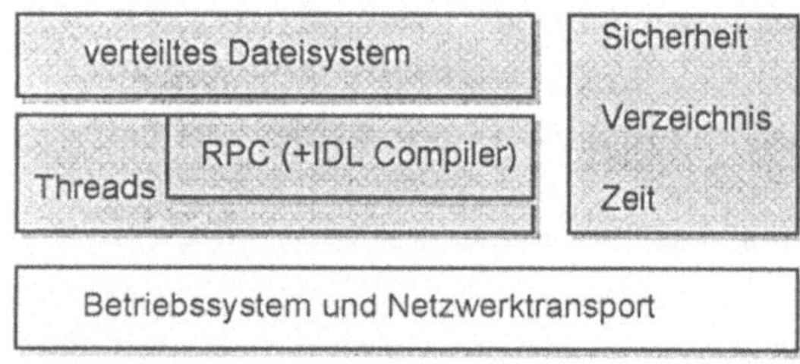

Abb. D.4: Komponenten von OSF DCE

4.2 Object Linking and Embedding (OLE und OLE/COM)

Hinter Microsofts Network OLE steht die Vision verteilter Komponenten, die auf dem Kapselungsprinzip der Objektorientierung aufbauen. Jede Komponente ist durch eine Gruppe von Schnittstellen definiert, welche selbst wiederum durchschnittlich sechs Funktionen anbieten. Das Component Object Model (COM) unterstützt keine Vererbung, weshalb nur flache Klassenhierarchien entstehen können. Für den Anwender und Programmierer setzen im wesentlichen zwei Konzepte auf COM auf:

- Das Management zusammengesetzter Dokumente
- OLE Automation

Aus Sicht des Benutzers ist ein Textdokument oder eine Tabelle ein Objekt. OLE erlaubt es, ein Dokument als Container für Tabellen- oder Grafikobjekte zu verwenden. Durch doppelten Mausklick auf das entsprechende eingebundene Objekt steht dem Benutzer innerhalb der Textverarbeitung die zugehörige Funktionalität, z.B. des Grafikprogramms, zur Verfügung (engl.: in-place-activation). Realisiert ist dies durch die Integration von Teilen einer anderen Anwendung in die bearbeitende Anwendung. Dies wird mit *application embedding* bezeichnet, wobei eine Anwendung Funktionen und Objekte einer anderen Anwendung lädt und damit seine Funktionalitäten erweitert.

Mit der Version 2 von OLE auf Basis von COM erweitert Microsoft OLE zu einer allgemeingültigen Architektur für objektorientierte Applikationen. Hierbei stellt ein

Automation Server, z.B. eine Tabellenverarbeitung, seine Funktionalität über Schnittstellen einem Automation Controller zur Verfügung. Der Programmierer erstellt mit einem Tool wie Visual Basic Komponenten, sogenannte OLE Custom Controls (OCX). Diese Komponenten mit definierten Schnittstellen können zusammen mit den Möglichkeiten des Automation Servers in ein zusammengesetztes Dokument eingebunden werden. Mit Hilfe eines OCX kann z.B. ein Mausklick auf eine Stelle im Dokument als ein Ereignis weitergeleitet und nach

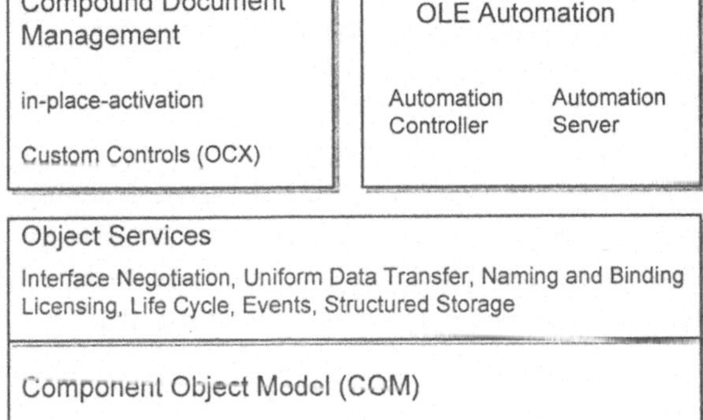

Abb. D.5: Architektur OLE/COM

Die OLE/COM Architektur ist in Zusammenarbeit mit DEC entstanden. Sie ermöglicht die Kommunikation zwischen dem Object Broker von Digital und OLE und stellt damit die Verbindung zwischen Microsoft Windows und verschiedenen Unix-Betriebssystemen her. Die Kommunikationsbasis zwischen OLE und dem Object Broker ist der DEC-RPC. Der Object Broker wird einige Funktionen von OLE übernehmen, so daß das Referenzieren und Aktivieren von OLE-Objekten (und damit Anwendungen) möglich ist /Dig94/ und /Mic96/.

4.3 Common Object Request Broker Architecture (CORBA)

Im Jahre 1989 wurde von den Firmen 3Com Corporation, American Airlines, Canon Inc., Data General, Hewlett-Packard Company, Philips Telecommunication, Sun Microsystems und Unisys Corporation die Object Management Group (OMG) ins Leben gerufen. Ziel dieses Konsortiums ist es, die Portabilität, Wiederverwendbarkeit und Interoperabilität von Software zu maximieren und eine Referenzarchitektur zu finden, auf der weitere Spezifikationen aufgesetzt werden können /OMG92/. Dabei sollen Objekte in Anwendungen integriert bzw. zur Verfügung gestellt werden, unabhängig von ihrer Entwicklungsplattform und - Programmiersprache. Darüber hinaus soll für die Objekte verborgen sein, auf welchem Netzknoten sich der Kommunikationspartner befindet.

Im darauffolgenden Jahr wurde die der Object Management Architecture Guide veröffentlicht, der als Grundlage der weiteren Entwicklung gesehen werden kann. Kern der Object Management Architecture (OMA) ist der Object Request Broker (ORB), der als erstes Element spezifiziert wurde. Die Aufgabe des ORBs ist die Übermittlung von Methodenaufrufen und deren Ergebnissen zwischen dem aufrufenden und dem Zielobjekt. Er wurde in der Common Object Request Broker Architecture (CORBA) standardisiert und liegt mittlerweile in der Version 2.0 vor /OMG93/. Seitdem gibt es zahlreiche Entwicklungen, die auf der CORBA-Spezifikation aufsetzen. Die bekanntesten sind SolarisNEO von SunSoft, Distributed Smalltalk von Hewlett-Packard, SOM/DSOM von IBM und Orbix von Iona.

Object Management Architecture

Mit dem Referenzmodell der Object Management Architecture wird eine Architektur zur Realisierung verteilter Anwendungen beschrieben. Die OMA gliedert sich in vier Teile: den Object Request Broker, die Object Services, die Common Facilities und die Application Objects. Der ORB spielt bei dem Referenzmodell die zentrale Rolle. Er bietet die Infrastruktur, die die Kommunikation zwischen den Objekten - unabhängig von deren Plattformen und Implementierungstechniken - ermöglicht.

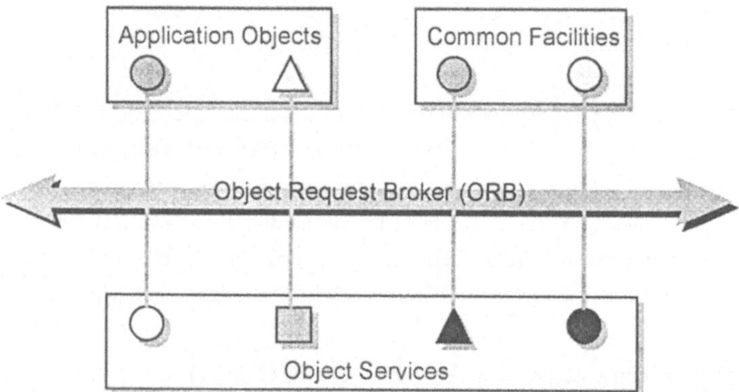

Abb. D.6: OMA Referenzarchitektur

Die Object Services standardisieren Komponenten zur Steuerung der Lebenszyklen von Objekten. Dazu gehören Schnittstellen zum Erzeugen, Kopieren, Verschieben und Zerstören von Objekten sowie zur Zugriffskontrolle. Ebenso ein Persistenzdienst für das Speichern der Objekte auf externen Speichermedien sowie ein Ereignismeldungsservice, der die asynchrone Meldung von Ereignissen ermöglicht.

Die Common Facilities bieten allgemeine Funktionen an, die in direktem Bezug zum Benutzer stehen - Drucken, Dokumentenverwaltung, Datenbanken und Emailfunktionen. Sie sind allerdings für ein CORBA-konformes Produkt - anders als bei den Object Services - nicht zwingend erforderlich.

Die Application Objects sind die eigentlichen Applikationen, die auf die Funktionalitäten der Object Services und der Common Facilities zurückgreifen. Sie werden zur Zeit nicht von der OMG standardisiert.

Die Struktur und Funktionsweise des Object Request Brokers

Der ORB vermittelt Methoden von Objekten mit den zugehörigen Ergebnissen zwischen anfragendem (Client) und Zielobjekt (Objektimplementierung). Die Objektimplementierung enthält sowohl die Methoden als auch die Daten zur Ausführung der Operation. Der ORB ist verantwortlich für das Auffinden der Objektimplementierung, die Vorbereitung zum Annehmen der Anfrage und den Datenaustausch zwischen anfragendem und Zielobjekt (Objektimplementierung). Die Schnittstelle, die dem Client bereitgestellt wird, ist dabei unabhängig von dem Aufenthaltsort des Objekts, der Programmiersprache oder der Systemumgebung.

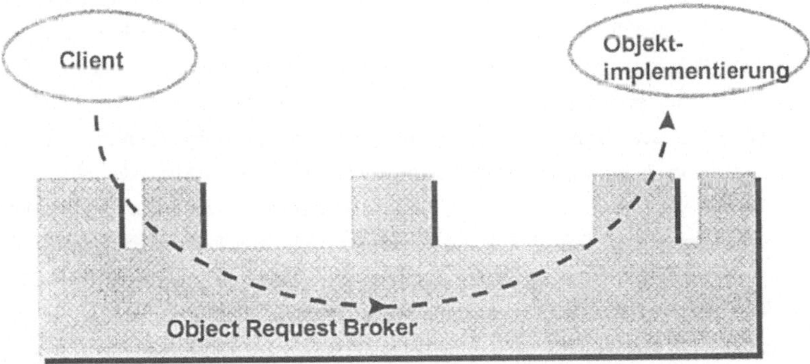

Abb. D.7: Eine Anfrage an eine Objektimplementierung durchläuft den ORB

Die Schnittstellen zu den Objekten können statisch oder dynamisch realisiert werden. Die statische Realisierung wird über die Interface Definition Language (IDL) definiert. Die IDL beschreibt Objekte und Operationen (Methoden), die auf diese Objekte ausgeführt werden können. Die Realisierung eines dynamischen Aufrufs erfordert die Beschreibung von Schnittstellen (der Objekte) in einem Interface Repository. So können Komponenten (Clients) auf neue Objekte zugreifen, ohne bei deren Entwicklung Kenntnis von den Objekten zu haben.

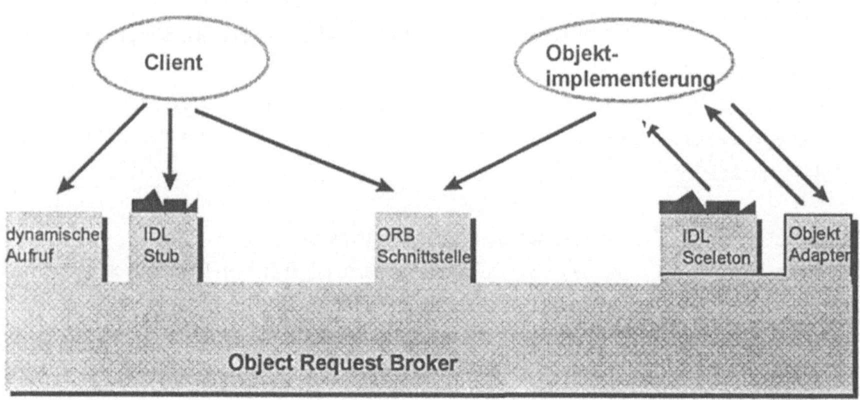

Abb. D.8: Schnittstellen des Object Request Brokers

Clients können für Anfragen den dynamischen Aufruf oder den objektspezifischen IDL-Stub verwenden. Die Schnittstelle für den dynamischen Aufruf ist für alle Objekte identisch, während der IDL-Stub das spezielle Interface des Objekts darstellt. Die Objektimplementierung empfängt die Anfrage durch das aus der IDL erzeugte Skelett (IDL-Sceleton). Während der Bearbeitung der Anfrage kann die Objektimplementierung Funktionen des Objektadapters oder des ORBs aufrufen. Der Aufruf der Methoden über IDL-Stubs kann mit den Mechanismen des Remote Procedure Calls (RPC) verglichen werden, nur wird hier nicht der Name des Zielrechners benötigt. Für die Lokalisierung und die Übermittlung der Anfrage sowie der Ergebnisse der Objektimplementierung ist der ORB zuständig. Statische und dynamische Aufrufe bieten dieselbe Funktionalität, da sie die gleichen Methoden der Objektimplementierung verwenden.

Das OMG Objektmodell

Das OMG Objektmodell definiert gemeinsame Objektsemantiken, die die äußerlich sichtbaren Charakteristiken von Objekten in implementierungsneutraler Weise abbilden. Das OMG Objektmodell definiert folgende Grundbegriffe:

- Objekte
- Operationen
- Typen und Subtypen

Ein Objekt kann jede Art von Entität darstellen, so z.B. eine Person, eine Maschine oder ein Dokument. Objekte werden als Instanzen von Typen erzeugt.

Operationen beziehen sich auf das Objekt und führen bestimmte Aufgaben, wie das Anlegen eines Fertigungsarbeitsplans bei dem Objekt Arbeitsplan aus. Alle Operationen, die mit dem Objekt verknüpft sind, charakterisieren die Eigenschaften des Objekts.

Ein Typ repräsentiert eine Klasse mit möglicherweise mehreren Elternklassen. Unterstützung findet dabei Schnittstellenvererbung, nicht jedoch Implementierungsvererbung. Eine Instanz des Typs Arbeitsplan könnte sein: Fertigungsarbeitsplan für den Auftrag 4711. Ein Typ charakterisiert die Eigenschaften einer Instanz durch Beschreiben der Operationen, die auf dieses Objekt angewandt werden können. Zwischen Typen können Beziehungen bestehen, die durch Supertypen und Subtypen beschrieben werden. Dies entspricht Basisklassen und abgeleiteten Klassen in C++.

Damit eine Applikation auf ein CORBA-Objekt zugreifen kann, muß die Interoperabilität zwischen Aufrufer und dem entfernten Objekt gewährleistet sein. In CORBA ist zu diesem Zweck eine eigene Schnittstellenbeschreibungssprache namens IDL (Interface Definition Language) festgelegt.

Die Interface Definition Language (IDL)

Die Interface Definition Language hat zum Ziel, die Clients und die CORBA-Objekte programmiersprachenunabhängig zu beschreiben. Die IDL enthält ausschließlich Elemente zur Datenbeschreibung, jedoch keine Anweisungskonstrukte. Die Syntax ist an C++ angelehnt. Jeder Entwickler, der im Netz ein CORBA-Objekt zur Verfügung stellen möchte, gibt dies mittels einer IDL-Datei bekannt.

Verwendung von CORBA-Objekten durch Applikationen

Zur Verwendung von CORBA-Objekten werden sogenannte IDL-Compiler verwendet. Diese liegen jeder CORBA-Implementierung bei und dienen zur Abbildung von IDL-Definitionen auf Codesequenzen der angegebenen Programmiersprache, z.B. auf C++ Klassen. Die generierten Codesequenzen (IDL-Stub) bindet der Benutzer an sein eigenes Programm und kann dadurch transparent auf entfernte CORBA-Objekte zugreifen. Der Mechanismus zum transparenten Zugriff wird über sogenannte Stellvertreterobjekte (Proxies) realisiert. Der IDL-Compiler erzeugt diese Proxies, die lokal die Rolle der entfernten CORBA-Objekte übernehmen. Sobald der Programmierer eine Proxymethode aufruft, verpackt das Proxy die übergebenen Argumente und sorgt für die Übermittlung des Aufrufs an das eigentliche CORBA-Objekt sowie für die Übergabe eventueller Ergebnisse an den Aufrufer. Jedes CORBA-Objekt ist dabei durch eine eindeutige und typlose Objektreferenz bestimmt. Es gehört zu den Aufgaben der OMG, IDL-Mappings für verschiedene Programmiersprachen zu standardisieren.

Interoperabilität zwischen unterschiedlichen ORBs

Die Kopplung verschiedener CORBA-Implementierungen ist notwendig, um die Interoperabilität zwischen den Produkten unterschiedlicher Hersteller zu gewährleisten. Dies ist im CORBA 2.0 Standard festgelegt. Wollen zwei beliebige Broker über TCP/IP

Informationen austauschen, müssen sie das hierfür standardisierte Protokoll IIOP (Internet Inter ORB Protocol) benutzen.

4.4 Application Link Enabling (ALE) und ALE/Web

SAP ALE ist ein Beispiel für eine verteilte Umgebung eines Softwareherstellers. ALE ist Bestandteil des integrierten Anwendungspakets R/3 und zielt auf eine Umsetzung von Geschäftsprozessen auf verteilte, lose integrierte Applikationen. ALE als Middleware kommt die Aufgabe zu, die Integrität des Gesamtsystems hinreichend zu wahren und die Komplexität der Verteilung vor dem Benutzer abzuschirmen. ALE liefert ein Rahmenkonzept für die Integration durch Nachrichtenaustausch. Die ALE Architektur umfaßt die Ebenen Applikation, Steuerung und Kommunikation. Die Anwendungsschicht definiert Syntax und Semantik der auszutauschenden Nachrichten sowie das Verhalten der Applikation, die ALE-Schicht übernimmt die eigentliche Steuerung des Nachrichtenaustausches zwischen den Systemen. Die Kommunikationsebene führt schließlich die eigentliche Nachrichtenübertragung über ein Netzwerk durch.

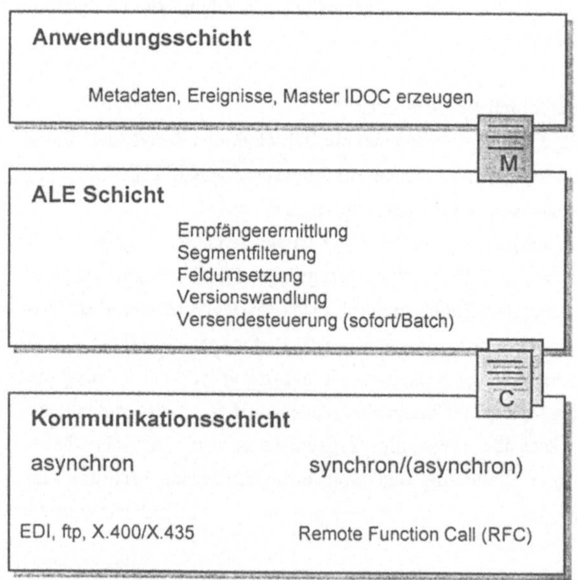

Abb. D.9: ALE Architektur

Die Anwendungsschicht erzeugt ein Master IDOC, das an die ALE-Schicht weitergegeben wird. Ein IDOC (Intermediate Document) beinhaltet die auszutauschende Nachricht auf der applikatorischen Ebene und hat eine an den EDIFACT Standard angelehnte Datenstruktur. In der Anwendungsebene ist festgelegt, zu welchen Zeitpunkten oder zu welchen Ereignissen ein

ein IDOC erzeugt wird. Ein Beispiel ist die Änderung einer Kundenadresse, worauf die Applikation ein IDOC zum Abgleich mit den Adressdaten in den Partnersystemen erzeugt.

Die ALE-Schicht generiert aus dem Master IDOC ein oder mehrere Communication IDOCs, welche schließlich versendet werden. Die ALE-Schicht ermittelt den Empfänger der IDOCs und filtert empfängerabhängige Datensegmente aus den IDOCs heraus. Des weiteren werden Konversionen und Versionsumwandlungen unterschiedlicher Releasestände durchgeführt. Die Versendesteuerung legt schließlich fest, ob die entstandenen Communication IDOCs sofort oder in einem späteren Batchjob versendet werden.

Für die Übertragung der Nachrichten existieren in der Kommunikationsschicht unterschiedliche Möglichkeiten. Asynchron über eine EDI-Schnittstelle oder ein Emailsystem oder synchron über den SAP eigenen Remote Function Call (RFC), der eine Besonderheit des RFCs darstellt. Des weiteren ist die Verwendung eines asynchronen RFC (aRFC) möglich.

ALE/Web ist eine Erweiterung der ALE-Technologie, um eine Kommunikation lose gekoppelter Komponenten über das Internet zu unterstützen. Bei der Kommunikation spielen die SAP-spezifischen Business Application Interfaces (BAPIs) eine zentrale Rolle. Diese BAPIs basieren auf der Spezifikation von SAP Business Objects, welche eine logische Schicht über der Ebene der Applikationslogik bilden. BAPIs sind Methoden von SAP Business Objects, die über den SAP Internet Transaction Server mit einem Webserver angesprochen und verwendet werden können. Momentan hat SAP ca. 100 BAPIs offengelegt und arbeitet momentan daran, das Kernsystem in objektorientierte Komponenten aufzuspalten, die wie die BAPIs über Schnittstellen kommunizieren.

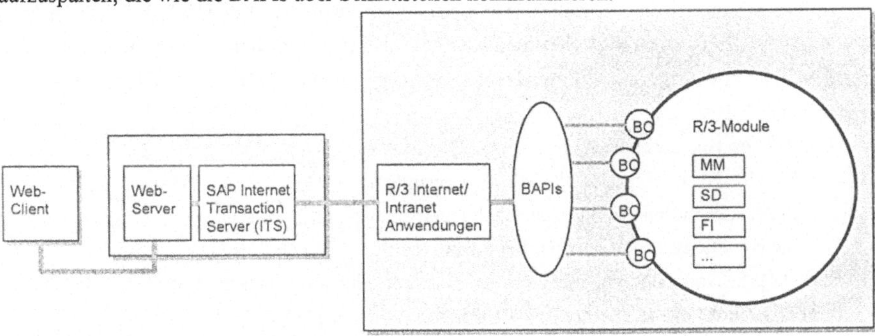

Abb. D.10: Architektur von ALE/Web

Der Internet Transaction Server (ITS) sorgt dafür, daß aus dem „zustandslosen" Internetprotokoll abgeschlossene R/3 Transaktionen entstehen und bietet zusätzlich die Möglichkeit der Skalierbarkeit bei größeren Nutzerzahlen. Die Sicherheit und Abschirmung des R/3 Kerns sowohl funktional als auch inhaltlich gehören auch zu seinen Aufgaben. Auf der CeBIT '97 wurde ein SAP-GUI vorgestellt, der in Java geschrieben auf einem Netzcomputer (NC) lauffähig ist. Damit kann über eine Web-Anbindung auf die von den

BAPIs unterstützten Funktionen transparent über das Web zugegriffen werden. Der Web-Client sendet einen Request an den Web-Server. Dieser leitet ihn an den Internet Transaction Server weitet, der Prüfungen durchführt und den oder die entsprechenden BAPIs anhand ihrer Methoden aufruft. Diese wiederum verwenden Methoden der SAP Business Objects. Das Ergebnis, der durch die Business Objects ausgeführten Funktionen, wird über die BAPIs an den Internet Transaction Server zurückgemeldet. Dieser erzeugt ein sogenanntes Meta-HTML, das SAP spezifische Erweiterungen beinhaltet. Der anschließende Web-Server wandelt das Meta-HTML in Standard-HTML um und versendet die entsprechend HTML-Seite via HTTP über das Inter- oder Intranet an den Client. Der Browser des Clients stellt die HTML-Seite entsprechend der beinhalteten Frames und Applets dem Benutzer dar.

4.5 Internetstandards und -dienste

Nach einer kurzen Beschreibung des Internets und seines historischen Aufbaus werden die eingesetzten Standards und Dienste genauer betrachtet. Die Architekturansätze und deren Realisierung sowie die Programmiersprache Java geben Ausblick auf das Internet als Integrationsplattform.

Die Grundlagen für das Internet wurde mit der Entwicklung des Ethernetkonzeptes und des TCP/IP-Protokolls Ende der 60er Jahre bei Xerox in den USA gelegt. Die Nachrichtenströme werden beim TCP/IP in Pakete aufgeteilt, die voneinander unabhängig auf verschiedenen Wegen zum Ziel kommen können. Verlorene Pakete werden automatisch wieder angefordert und dann zur vollständigen Nachricht zusammengesetzt. Aufgrund dieser Robustheit gegenüber Störungen und Ausfällen interessierte sich auch bald das US-Militär für diese Technologie. Es entstand das Netz der ARPA (Advanced Research Project Agency) und DARPA (Defense ARPA), das über verschiedene Wege zum heutigen Internet führte.

Das Internet besteht aus

- einer Menge von Computern, die

    dasselbe Netzwerkprotokoll TCP/IP verwenden

    direkt oder indirekt miteinander verbunden sind

    gewisse Dienste anbieten oder benutzen

- einer Menge von Nutzern, die vom Arbeitsplatz oder auch von zu Hause aus direkten Zugriff auf diese Dienste haben

- einer Menge von weiten, über Gateways erreichbaren Netze.

Durch das Netzwerkprotokoll TCP/IP ist sichergestellt, daß alle Rechner, egal ob Mainframe, UNIX-Workstation, PC oder Macintosh dieselbe (Netz-)Sprache sprechen und damit in der Lage sind, Daten und Informationen untereinander auszutauschen. Der Siegeszug von TCP/IP gegenüber den europäischen OSI-Anstrengungen ist ursächlich mit dem dynamischen Wachstum des Internet und dem meist verwendeten Dienst, dem WWW, zuzurechnen. Durch dieses Netz entstand sowohl die Basis als auch der Bedarf für eine Vielzahl interessanter Applikationen und Integrationsansätze /Schnei94/.

Dienste im Internet

Das TCP/IP deckt lediglich den Transport der Daten über das Netzwerk ab. Auf Basis von TCP/IP sind jedoch Dienste bzw. Applikationsprotokolle definiert, die Benutzern des Internet zur Verfügung stehen. Telnet ermöglicht den interaktiven Zugriff auf Applikationen, die auf einem entfernten Rechner laufen. Das File Transfer Protocol (ftp) erlaubt den Filetransfer vom bzw. zum entfernten Rechner. Die Electronic Mail erlaubt das Versenden spezieller Dateien, der sogenannten mail-files nach einem speziellen Protokoll, dem Simple Mail Transfer Protocol (SMTP). Die elektronische Post ist ein häufig genutzter Dienst im Internet und hat zu Änderungen im Kommunikationsverhalten geführt, da sie den schnellen und informellen Austausch von Nachrichten erlaubt, unabhängig von der geografischen Lage des Partners. Weitere bekannte Applikationsprotokolle sind NNTP (Network News Transfer Protocol) für die Verteilung von Diskussionsbeiträgen und Meldungen sowie das HTTP (Hypertext Transfer Protocol), das das wesentliche Protokoll des Word Wide Web (WWW) zum Anfordern und Versenden von Web-Pages ist. Das World Wide Web (WWW) ist ein Client/Server-Dienst zum Abfragen und Abholen von weltweit verteilten Informationen. Der entfernte Server (WWW-Server) hält Daten bereit, der lokale Client (WWW-Browser) bereitet die Informationen auf und stellt sie am Bildschirm dar. Die angebotenen Daten umfassen alle Medienarten von Texten, Bildern, Bildsequenzen und Audio. Die Daten werden im HTML-Format (Hypertext Markup Language) als Web-Pages versandt. Jedes Informationsbündel im Web, die sogenannten Web-Pages, ist über das URL-Adressierungsschema (Uniform Resource Locator) identifizierbar. URLs werden zur Spezifikation von Verweisen (Hyperlinks) auf Ressourcen im Internet eingesetzt. Ressourcen können auch über andere Applikationsprotokolle z.B. ftp adressiert werden.

Anhang E: Kompatibilität der Business Objects zur SAP R/3 Architektur

Die Kommunikationsfähigkeit mit hochintegrierten Systemen, wie dem SAP R/3, ist heutzutage beinahe schon eine Grundvoraussetzung für jedes neue System bzw. für dessen Architektur. Die Architektur von SAP R/3 (des gültigen Releasestandes 3.1 und des für Mitte 1998 angekündigten Releasestandes 4.0) mit seinen Elementen wird im Folgenden aufgezeigt. Im zweiten Schritt werden die zentralen Elemente von SAP R/3 mit der hier entwickelten unternehmensneutralen Architektur verteilter Objekte auf Kommunikationsfähigkeit hin überprüft.

Das Business Framework der SAP beruht auf folgenden Elementen:
- Komponentisierung in funktionsreiche größere Komponenten (ab Release 4.0)
- Integration der Komponenten und SAP Business-Objekte innerhalb des Systems R/3 über SAP Application Link Enabling (ALE)
- R/3 Referenzmodell – es enthält alle SAP Business-Objekte im Business Object Repository (BOR) sowie alle definierten Geschäftsprozesse
- Kommunikation der SAP- sowie der Fremdanbieter-Komponenten über die Schnittstellentechnologie der Business Application Programming Interfaces (BAPIs)

Die SAP Business-Objekte werden zukünftig (ab Release 4.0) in Business-Komponenten gekapselt. Die Business-Komponenten werden über SAP ALE (Application Link Enabling) integriert werden und werden so die Geschäftsprozesse umsetzen. Mit Release 3.1 wird neben den 25 Internetanwendungen (mit 100 BAPIs) die Schnittstelle zur Logistikoptimierung, die auf BAPIs aufsetzt, realisiert. Mit dem Release 4.0 wird zunächst das Modul HR (Personalwirtschaft) komponentisiert werden, danach die Module Finanzen (FI) und Logistik (LO). Die Logistik (LO) wird eine zentrale Funktionalität werden, die als ATP-Logik (Availability-to-Promise) als unabhängige Komponente ausgekoppelt werden wird.

SAP bietet mit 170 SAP Business-Objekten im Release 3.0 eine integrierte Sicht auf Attribute, Methoden und Ereignisse der betriebswirtschaftlichen Grundbausteine. Diese Business-Objekte werden im Business Object Repository (BOR) verwaltet. Sie bilden die betriebswirtschaftliche Schnittstelle zum unternehmensübergreifenden Datenaustausch denn sie bilden eine angemessene Granularität, das heißt, sie stellen angemessene Kommunikationseinheiten dar.

Der Aufbau der SAP Business-Objekte entspricht einem 4-Schalenmodell.

- Der Kern enthält die zentrale betriebswirtschaftliche Logik.
- In der zweiten Schicht wird die Integrität der Objektinhalte durch Contraints (objektbezogene Regeln) und umfeldbezogene Geschäftsregeln sichergestellt.
- Die dritte Schicht enthält die Methoden, die Attribute und die In-/Outputereingiskontrolle. Sie dient somit dem zentral wichtigen Methodenaufruf und entspricht der Definition der Schnittstelle.
- Die äußerste Schicht ist die informationstechnische Zugriffsschicht, die für die Kompatibilität der SAP Business-Objekte mit dem Component Object Model (COM) von Microsoft sowie der Common Object Request Broker Architecture (CORBA) der Object Management Group verantwortlich ist. Hier wird festgelegt, durch welche Kommunikationsprotokolle mit dem Objekt interagiert werden kann.

Die Geschäftsvorgänge im SAP bedienen sich der Methoden der SAP Business-Objekte und verändern so deren Attribute in einer objektorientierten Form. Die Methoden müssen über die Laufzeitkomponente des Business Object Repositories (BOR) aufgerufen werden. Das BOR gibt die Anforderungen an das Objekt weiter und meldet die Ereignisse an die Anwendung zurück. So bleiben das Coding (die Implementierung) und der Standort des Objekts vor der Anwendung verborgen, was für verteilte Anwendungen besonders wichtig ist. Der Zugriff von außerhalb des R/3 Systems auf das BOR erfolgt über SAP Remote Function Calls (RFC).

Die Kompatibilität des entwickelten Business Object Modells mit der SAP Architektur (dem SAP Business Framework) wird anhand der SAP Business-Objekte und der Kommunikationsmöglichkeiten dieser Objekte überprüft. Die folgende Tabelle E.1 gibt Auskunft über die in den SAP Modulen CA, FI, TR, CO, LO, SD, MM, QM, SD, PP und PS enthaltenen SAP Business-Objekte und deren Anzahl an BAPIs (Schnittstellen). In der Gegenüberstellung stehen die entsprechenden Objekte des hier entwickelten Modells der Business Objects.

SAP R/3 Business Framework			Modell der Business Objects
Modul	SAP Business-Objekt	Anzahl BAPIs	Business Object
CA	*Anwendungsübergreifende Komponenten*		
	Arbeitsplatz	0	Arbeitsplatz
	Kunde	16	Kunde
	Lieferant	0	Lieferant
	Mitarbeiter	8	Mitarbeiter
FI	*Finanzwesen*		
TR	*Treasury*		
CO	*Controlling*		
LO	*Logistik allgemein*		
	Material	5	Material/Halbzeug
	Produktkatalog	8	Produkt
SD	*Vertrieb*		
	Kundenauftrag	4	Auftrag
MM	*Materialwirtschaft*		
	Bestellung	3	Bestellung
QM	*Qualitätsmanagement*		
	Prüfplan	0	Prüfplan, Prüfauftrag
SM	*Instandhaltung und Service Management*		
	Equipment	0	Maschine
PP	*Produktionsplanung und -steuerung*		
	Fertigungsauftrag	0	Fertigungsauftrag, Montageauftrag
	Produktionsauftrag	0	Auftragsliste
	Arbeitsplan	0	Arbeitsplan, Arbeitsschritt, Fertigungsarbeitsplan
	Fertigungshilfsmittel	0	Zeichnung, Fertigungszeichnung, Meß-/Prüfmittel, NC-Programm, Werkzeug/-halter, Vorrichtungen
PS	*Projektsystem*		
HR	*Personaladministration und -abrechnung*		
	keinem Modul zugeordnet		
	Stückliste	0	Baugruppenstückliste
	Komponente	0	Baugruppe, Teil/Bauteil

Abb. E.1: Im SAP R/3 Release 3.1g verwendete Business-Objekte

Beispielhaft für die SAP Business Objekte sind die BAPI-Schnittstellen für das Objekt *Kundenauftrag* im Folgenden aufgelistet: Auftragsstatus anzeigen, Kundenauftrag simulieren, Kundenaufträge suchen, Kundenauftrag anlegen. Der Vergleich der SAP Business-Objekte mit dem in dieser Arbeit entwickelten Modell der Business Objects zeigt, daß 16 SAP Business-Objekte hier 25 Business Objects gegenüberstehen.

Dies liegt sowohl an Zusammenfassungen, als auch an Generalisierungen und an unterschiedlichen Bezeichnungen. SAP faßt beispielsweise Objekte wie Zeichnung, Meß-/Prüfmittel, NC-Programm, Werkzeug/-halter, Vorrichtungen zu dem SAP Business-Objekt *Fertigungshilftsmittel* zusammen. Eine Generalisierung läßt sich sehr gut am Beispiel des Arbeitsplans / Fertigungsarbeitsplans ablesen, der bei SAP mit dem Business-Objekt des *Arbeitsplans* beschrieben ist. Dasselbe gilt für Mitarbeiter / Werker, die bei SAP im Business-Objekt *Mitarbeiter* generalisiert sind.

Generell ist festzustellen, daß jedem Business Object des hier erarbeiteten Modells ein SAP Business-Objekt gegenübersteht - die inhaltliche Übereinstimmung des erarbeiteten Modells mit dem SAP Business Framework ist somit gegeben.

Die informationstechnische Voraussetzung für die Kompatibilität ist die Kommunikationsfähigkeit mit den SAP Business Objekten. Hierbei zeigt sich, daß vornehmlich für SAP Business-Objekte, die im Außenverkehr relevant sind, Schnittstellen in Form von BAPIs existieren - z.B. für *Produktkatalog* 8 BAPIs und für *Bestellung* 3 BAPIs. Die in Innenverhältnis der Produktion relevanten Objekte haben in der Regel keine von außen zugänglichen Schnittstellen - z.B. für Fertigungsauftrag 0 BAPIs, für Arbeitsplan 0 BAPIs.

Das Business Framework von SAP bietet zwei Möglichkeiten der informationstechnischen Anbindung: die BAPI-Schnittstelle und die direkte Kommunikation (COM/DCOM, CORBA) mit den SAP Business-Objekten. Die BAPI-Schnittstelle ist momentan der direkten Kommunikation vorzuziehen, da hier die Transaktionssicherheit über SAP Web-RFCs (Web Remote Function Calls) gegeben ist, was bei der direkten Kommunikation selbst implementiert werden muß. Für eine Kopplung mit einem SAP R/3 System müssen die notwendigen (Schnittstellen-) Methoden der SAP Business-Objekte als BAPIs ausgebildet werden (so noch nicht vorhanden), so daß diese einfach und transaktionssicher angesprochen werden können. Mit der Ausbildung als BAPI-Schnittstellen entspricht sowohl die Architektur wie auch die Kommunikation dem SAP Business Framework, so daß die Investitionssicherheit gegeben ist.

Glossar

Aktionsorientierte Datenverarbeitung (AODV) - Verknüpfungskonzept, bei dem stark arbeitsteilige und DV-organisatorisch heterogene Vorgangsketten integriert werden.

Application Link Enabling (ALE) - ALE ist Bestandteil des integrierten Anwendungspakets R/3 von SAP und zielt auf eine Umsetzung von Geschäftsprozessen auf verteilte, lose integrierte Applikationen. ALE liefert ein Rahmenkonzept für die Integration durch Nachrichtenaustausch, das von der ALE-Schicht gesteuert wird.

Application Programming Interface (API) - Schnittstellenbeschreibung

Architektur Integrierter Informations Systeme (ARIS) - Verknüpfungskonzept, bei dem unterschiedliche Sichten (Datensicht, Funktionssicht und Organisationssicht) beschrieben werden. In der Steuerungssicht werden in Form von ereignisgesteuerten Prozeßketten die drei Sichten zusammengeführt.

Blackboard Architecture - Verknüpfungskonzept, bei dem Wissensbasen so koordiniert werden, daß sie zur Problemlösung iterativ beitragen können.

Browser - Grafisch interaktive Benutzungsoberfläche, die vorwiegend die Standards und Dienste des Internet verwendet.

Business Application Programming Interface (BAPI) - SAP-spezifische gehaltvolle Schnittstellen zur Kommunikation mit den eigentlichen Modulen in SAP R/3 über die Internetstandards und -dienste.

Business Object (BO) - hier: logisches Schnittstellenobjekt, das Funktionen (Methoden) und Daten kapselt. Die BOs bilden die Verbindungsschicht zwischen Benutzungsoberfläche und Systemen (bzw. Applikationen).

CIM-Architektur - Kernpunkt der Integration ist eine funktionale Gliederung in Applikationen, die meist über eine „anwendungsunabhängige" Datenschnittstelle mit der gemeinsamen Datenbank verbunden werden.

Client/Server (C/S) - Ein logisches Kommunikationsprinzip, das nicht symmetrisch ist. Es existiert ein Prozeß, der Dienstleistungen anbietet (Server) und ein Prozeß, der Dienstleistungen in Anspruch nimmt (Client).

Common Gateway Interface (CGI) - Beschreibung des serverseitigen Datenbankzugriffs bei dynamischen Dokumenten auf Basis der Internetstandards. Auf dem Server wird ein Gatewayprogramm gestartet, das die Datenbankabfragen an die meist relationale Datenbank schickt.

Common Object Request Broker Architecture (CORBA) - Ziel der Object Management Group (OMG) ist die Portabilität, Wiederverwendbarkeit und Interoperabilität von Software zu maximieren und eine (nichtproprietäre) Referenzarchitektur zu finden, auf der weitere Spezifikationen aufgesetzt werden können. Zentrum ist der Object Request Broker (ORB), der die Kommunikation zwischen den Objekten handelt.

Computer Aided Simulation and Information Handling (CASH) - Verknüpfungskonzept, bei dem zeitlich verzahnte Prozesse über ein Petrinetz integriert werden.

Computer Integrated Systems Open Systems Architecture (CIMOSA) - Verknüpfungskonzept, das einerseits unterschiedliche Sichten (Funktions-, Ressourcen- und Informationssicht) auf ein Modell beschreibt, andererseits Dienste, die spezifisch sind für diese Sichten und spezifisch für die drei Hauptdienste (Funktion, Kommunikation und Daten).

Conversation - Synchrone Kommunikation zwischen zwei Programmen, bei der ein oder mehrere Nachrichten ausgauscht werden.

Cutter Location Data (CLDATA) - Neutrales Datenformat für technologische Daten, das die Werkzeugposition beschreibt.

Dialognetz - Strukturierte Darstellung eines Bildschirmmaskendialoges.

Dialogobjekt - hier: anwendungsspezifische Objekte wie ein Arbeitsplan, mit denen der Benutzer interagiert.

Distributed Computing Environment (DCE) - Ziel der Open Software Foundation (OSF) ist ein Middlewarestandard für verteilte Client/Server Systeme. DCE ist eine integrierte Sammlung betriebssystemnaher Middlewaredienste mit ein PRC-Mechanismus. Die Firmen DEC, IBM und HP unterstützten dies finanziell.

Electronic Data Interchange For Administration, Commerce and Transport (EDIFACT) - Schnittstellenbeschreibung, die branchenübergreifend Rechnung, Lieferschein und Zahlungsavis in Syntax und Semantik festlegt.

Entity Relationship Model (ERM) - Modellierungsmethode, die datenorientiert zerlegt. Komponenten dieser Struktur sind Datenobjekttypen mit zugeordneten Attributen. Die einzelnen Datenobjekttypen sind durch Beziehungen verbunden.

Foren - Inhaltlich strukturierte Diskussionsbereiche. Der Ablauf erfolgt nach dem Frage-Anwort Prinzip wobei ein oder mehrere auf eine Frage antworten können.

Hypertext Markup Language (HTML) - Textformat für Web-Seiten, das die Möglichkeit zu Verweisen bietet.

Industrial Robot Data (IRDATA) - Neutrales Datenformat für technologische Daten in der Robotik mit dem Schwerpunkt auf der Beschreibung der Achsbewegungen.

Initial Graphics Exchange Specification (IGES) - Schnittstellenbeschreibung im Bereich technischer Produkte (CAD-Files).

Interface Definition Language (IDL) - von der OMG standardisierte formale Beschreibungssprache für Objekte. Die IDL hat zum Ziel, die Clients und die CORBA-Objekte programmiersprachenunabhängig zu beschreiben. Die IDL enthält ausschließlich Elemente zur Datenbeschreibung, jedoch keine Anweisungskonstrukte.

Interface Management System (INMAS) - Verknüpfungskonzept, bei dem bestehende funktionaler Lösungen über einen CIM-Handler bzw. eine individuell konfigurierbare Schnittstelle integriert werden.

Internet - Eine Menge von Rechnern, die dasselbe Protokoll (TCP/IP) verwenden, miteinander verbunden sind und Dienste anbieten und nutzen. Eine Menge von Nutzern und eine Menge von Netzwerken, die über Gateways miteinander verbunden sind.

ISO/OSI Referenzmodell - Strukturiert Kommunikationsvorgänge in offenen und geschlossenen Systemen. Die Aufteilung erfolgt in 7 Ebenen, bei denen jeweils die Aufgaben allgemeingültig beschrieben sind.

Java - Objektorientierte Programmiersprache der Firma SunSoft. Mit Java werden kleine Funktionen geschrieben, die in HTML-Seiten eingebettet über die Internetdienste abgerufen werden können. Die Java-Funktionen, sogenannte Applets, werden auf der Clientseite interpretiert, wodurch die Applets implementierungs- und hardwareneutral ablaufen.

Java Database Connectivity (JDBC) - Schnittstelle zum Zugriff von Applets, die in einer Virtual Machine ablaufen, auf relationale Datenbanken.

Java Objects Everywhere (Joe) - Erweiterung der Java-Programmiersprache von SunSoft. Der Joe-ORB stellt die Kommunikation zwischen Java-Objekten und CORBA-Objekten her.

Messaging - Synchrone oder asynchrone Kommunikation zwischen zwei Programmen. Das Messaging dient der Entkopplung von Programmen und Prozessen.

Middleware - Middleware verbindet die Komponenten der Informationstechnik miteinander. Sie integriert auf informationstechnischer Ebene.

Netzcomputer (NC) - Ein sogenannter 'Thin Client', dessen Betriebssystem beim Hochfahren des Rechners von einem Chip geladen wird. Sämtliche im NC verwendeten Programme und Applikationen werden über das Netz geladen, was dem Prinzip des 'Network Centric Computing' entspricht. (Gegensatz ist der Thick Client, bei dem Möglichkeiten zur lokalen Datenspeicherung wie Festplatte und Datenlaufwerk gegeben sind und der im standalone-Betrieb gefahren werden kann).

Object Linking and Embedding (OLE) - Standard von Microsoft zur Integration von Softwarekomponenten auf Desktops. Dokumentenorientierter Ansatz, der in Verbindung mit dem Component Object Model (COM) und dem Object Broker einen allgemeinen (aber proprietären) Ansatz einer objektorientierten Architektur darstellt. Die Kommunikation erfolgt über einen RPC-Mechanismus.

Object Modeling Technique (OMT) - Modellierungsmethode, die vorwiegend objektorientiert zerlegt. Die Beschreibung besteht aus einem Objektmodell, einem funktionalen Modell und einem dynamischen Modell.

Object Oriented Analysis (AAO) - Modellierungsmethode, die objektorientiert zerlegt. Sie legt Vorgehensweise und Semantik der Beschreibung fest.

Object Request Broker (ORB) - Enabler in der Middleware, der die Kommunikation zwischen Objekten unterstützt.

Object Request Broker (ORB) - Er bietet die Infrastruktur, die die Kommunikation zwischen den Objekten - unabhängig von deren Plattformen und Implementierungstechniken - ermöglicht.

Open Database Connectivity (ODBC) - Schnittstelle zum Zugriff von CGI-Skripten oder Applikationen auf realationale Datenbanken.

Product Data Exchange using STEP (PDES) - Schnittstellenbeschreibung im Bereich technologischer und geometrischer Daten.

Rapid Prototyping - Vorgehensweise zur paritizipativen Gestaltung von Bentzungsoberflächen. Hierbei werden Dialoginhalte und die Interaktion prototypisch erstellt und mit dem Benuzter kritisch diskutiert.

Remote Methode Invocation (RMI) - Aufruf einer entfernten Prozedur bei Java-Objekten. Dieser Aufruf ist direkt aus dem Browser heraus möglich, so daß Java-Objekte miteinander kommunizieren können.

Remote Procedure Call (RPC) - Aufruf einer entferten Prozedur, wobei es dem Programmierer verborgen bleibt, ob die Prozedur lokal oder nicht lokal abläuft.

Semantisches Objekt Modell (SOM) - Modellierungsmethode, die vorwiegend objektorientiet zerlegt. Ein betriebliches Anwendungssystem besteht im SOM aus zwei Teilen: einem *konzeptuellen Objektschema* (KOS), das die konzeptuellen Objekttypen und ihre Beziehungen beschreibt sowie einem *Vorgangsobjektschema* (VOS), das in Form von Vorgangsobjekttypen das Zusammenwirken der konzeptuellen Objekttypen bei der Durchführung betrieblicher Aufgaben beschreibt.

Single-Tier Architecture - Monolitisches Konzept, bei dem Präsentation, Logik und Datenbank sind nicht getrennt sind.

STEP - Verknüfungskonzept, bei dem eine objektorientierte Betrachtungsweise vorliegt. Ziel ist die Schaffung einer gemeinsamen Semantik (produkt- und produktionstechnischer Daten) für alle über den gesamten Produktlebenszyklus beteiligten Softwaresysteme.

Structured Analysis (SA) - Modellierungsmethode, die datenflußorientiert zerlegt. Hierbei wird die Funktionssicht eines Systems modelliert. Dies besteht aus Aktivitäten, die durch Datenflüsse verknüpft sind.

Task Object Charts (TOC) - Modellierungsmethode, die objektorientiert und prozeßkettenorientiert zerlegt. Die essentielle Modellierung besteht aus einem Objektmodell und einem Aufgabenmodell.

Three-Tier Architecture - Konzept, bei dem Präsentation, Logik und Datenbank getrennt sind.

Touch-Screen - Bildschirm, dessen Oberfläche senitiv reagiert. Hiermit wird das Zeigeinstrument Maus durch die Bedienung direkt mit den Fingern auf dem Bildschirm ersetzt.

Transmission Protocol/Internet Protocol (TCP/IP) - Protokoll der Ebene 3 und 4. TCP/IP wird unterlagert bei UNIX und den Diensten des Internet verwendet.

Two-Tier Architecture - Konzept, bei dem Applikation (Präsentation und Logik) von der Datenbank getrennt sind.

Unifled Resource Locator (URL) - Eindeutige Festlegung der Ressourcen über den Dienst, den Server und den Bereich auf dem Server bzw. das Dokument.

VDA-Flächenschnittstelle (VDAFS) - Schnittstellenbeschreibung im Bereich technischer Produkte, wobei der Schwerpunkt auf Fläche im Raum liegt z.B. Karosseriebleche.

Lebenslauf

Persönliche Daten: Thomas Linsenmaier

geboren am 17.03.1961 in Reutlingen

Schulbildung:

1967 - 1971 Grundschule in Pfullingen

1971 – 1980 Gymnasium in Pfullingen

Mai 1980 Abitur

Wehrdienst:

1980 – 1981 Grundwehrdienst in Landsberg/Lech und Engstingen

Studium:

1981 – 1986 Studium des allgemeinen Maschinenbaus an der Universität Stuttgart, Studiengang Maschinenwesen

Oktober 1986 Diplom Ingenieur

Berufstätigkeit:

1986 – 1990 Applikationsingenieur und Softwareentwickler bei Siemens im Bereich Automatisierungstechnik, Stuttgart

1990 – 1992 Geschäftsführung Firma Linsenmaier Maschinenbau, Pfullingen

1992 – 1995 Wissenschaftlicher Mitarbeiter am Institut für Arbeitswissenschaft und Technologiemanagement (IAT) der Universität Stuttgart

seit 1995 Wissenschaftlicher Mitarbeiter am Fraunhofer-Institut für Arbeitswirtschaft und Organisation, Stuttgart

seit 1996 Leiter des Marktstrategieteams Fertigungsinformationssysteme am Fraunhofer IAO